小贝尔环球探险记

从大西洋到
非洲大草原

铁皮人科技◎编著

U0214571

海峡出版发行集团 THE STRAITS PUBLISHING & DISTRIBUTING GROUP | 福建科学技术出版社 FUJIAN SCIENCE & TECHNOLOGY PUBLISHING HOUSE

图书在版编目（CIP）数据

从大西洋到非洲大草原 / 铁皮人科技编著. —福州：
福建科学技术出版社，2021.6
（小贝尔环球探险记）
ISBN 978-7-5335-6397-4

Ⅰ.①从… Ⅱ.①铁… Ⅲ.①自然科学 - 儿童读物
Ⅳ.①N49

中国版本图书馆CIP数据核字（2021）第042610号

书　　名	从大西洋到非洲大草原	
	小贝尔环球探险记	
编　　著	铁皮人科技	
出版发行	福建科学技术出版社	
社　　址	福州市东水路76号（邮编350001）	
网　　址	www.fjstp.com	
经　　销	福建新华发行（集团）有限责任公司	
印　　刷	福建省金盾彩色印刷有限公司	
开　　本	700毫米×1000毫米　1/16	
印　　张	12.25	
字　　数	141千字	
版　　次	2021年6月第1版	
印　　次	2021年6月第1次印刷	
书　　号	ISBN 978-7-5335-6397-4	
定　　价	28.00元	

书中如有印装质量问题，可直接向本社调换

目录

大西洋篇 蔚蓝色的史诗

目录

非洲大草原篇

生生不息的旋律

3

开启探险之旅

大西洋篇
蔚蓝色的史诗

开始新征程

　　爸爸在亚马孙河的考察结束了，我向食木甲鲶鱼、浣熊和金刚鹦鹉挥手道别，就跟着爸爸前往机场啦！不过，我们并不是直接飞回家的，而要飞往巴西的港口城市——**里约热内卢**，再搭乘爸爸一位朋友的船横渡大西洋。听起来是不是很棒呢？

　　在飞机上，我的座位左边就是窗户，透过窗户玻璃，我看到了无边无际的蔚蓝色天空。哈哈，我们飞在云层的上端！

　　尽管云层又白又厚，可是快抵达里约热内卢时，从云层的缝隙间，我再一次看见了大海。

　　"嗨，大海！"透过窗户，我激动地望着它，远远地跟它打了一声招呼。大海在阳光的照耀下**金光闪闪**，真是太迷

人了!

其实，在亚马孙的时候，我也玩得非常开心，只是一到晚上，我就经常会**不知不觉**地想起妈妈来，不知道她一个人在家里过得好不好，要是她和我们在一起，那该有多好啊。

不想这些了，我可不愿让妈妈看到我不开心的样子，还是看我的书吧！这本书是史蒂文森的《金银岛》。

我很喜欢这本书，都不知道看了多少遍了。我非常喜欢书里面的那些**水手**。我常常想，要是我也能拥有一段他们那样的航海经历，那该有多好啊！

我曾经做过这样一个梦：我变成了一名水手，和伙伴们一起起航驶向远方……

登上"泰西斯"号

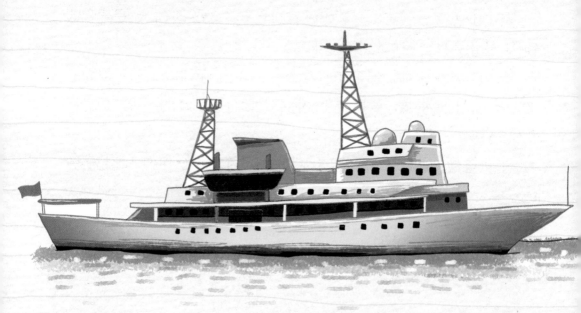

　　昨天晚上，我和爸爸，还有小狗墨菲一起登上了"泰西斯"号。"泰西斯"号是一艘**科考船**，要在大西洋上完成一些科学考察的工作。船长是大名鼎鼎的汉森先生。我和爸爸将乘着它穿越**大西洋**，从南半球一直航行到北半球。

　　登船的时候，墨菲十分兴奋，一路都跑在我的前头。一位来接我们的叔叔说："墨菲要是知道自己接下来将要在这艘船上度过一段漫长的日子，它就不会跑这么快了。"不过，我可不这样认为。要知道，

大西洋是世界四大洋中面积第二大洋。大西洋轮廓略呈"S"形，东西狭窄，南北延伸；平均水温16.9℃；北大西洋海岸线曲折，多海湾、岛屿，南大西洋海岸线平直，海湾、岛屿较少。

墨菲和我都是第一次看到大西洋，高兴都来不及呢！

登上了"泰西斯"号，我和墨菲的兴奋情绪不但一点儿没有减少，反而越来越高涨了。我们靠着栏杆，一会儿欣赏着挂在高高天边的一弯新月，一会儿看一看那些闪烁的星星。

也不知道过了多久，我的意识开始迷糊了，我还做了一个梦：我和墨菲高兴地在大海边玩耍，大海就像一个**沉睡的巨人**，它不停地打着呼噜，肚皮一鼓一鼓的，每次鼓起，波浪便向沙滩冲过来一次。晚上，我们就听着大海的呼噜声，渐渐进入甜美的梦乡……

正在这时候，"呜呜"的汽笛声把我从睡梦中吵醒。我一看，自己竟然躺在船舱里的床铺上。嘿嘿，一定是我昨晚仰望夜空，看着看着，最后在甲板上睡着了，爸爸就把我抱上床了。

我马上坐了起来，然后跳下床，急急忙忙地往甲板上跑。真是令人吃惊，一个晚上的时间，我们已经航行了那么远，无论我朝哪个方向望，四周都是大海，都已经看不见陆地了。

哈哈，我们的船行驶在无边无际的**茫茫大海**中间了。抬头一看，成群结队的鸟儿时不时从我们的上空飞过。它们应该是**迁徙**途中的候鸟吧？不知道当它们在大海上空飞累了的时候，是怎么休息的呢？

甲板上站着一位魁梧的**中年绅士**，他正在认真地看着一张**海图**。

不知道为什么，他的外表一下子就让我想起了书中的英雄人物。我从未见过他，但我一看见他就觉得，他就是书里说的那种充满智慧和有着丰富人生阅历的人。

"小伙子，你好呀！"他注意到了我正在盯着他看，突然低下头来，微笑着对我说，"很高兴认识你，我是这艘船的船长汉森！"

"原来您就是汉森先生呀！您好！我叫小贝尔。"

汉森先生伸出了一只手，和我握了握。他的手真温暖，和爸爸的手一样温暖。汉森先生**非常随和**，我们聊得很开心，很快便成了朋友。

不过，刚开始我还是有点紧张的，自己竟然在航行的第二天早上，就跟令人崇拜的船长认识了，还和他握了手。

"你也想看看海图吗？"汉森先生看我一直盯着他手上的海图，就问道。

"是的，谢谢汉森先生。"

汉森先生把手上的那张大海图摊在一张桌子上，然后我们一起看了起来。我不懂的地方，他就解释给我听，还告诉我上面每一个标识的含义。

原来海图和普通的地图相差这么大！海图上记载的基本上全是**航道、界线、灯塔、水深**等和航海有关的信息。我完全被这张海图吸引住了，见我这么痴迷，汉森先生又给我说了许多和航海有关的知识，最后还在图上一步步地比画出我们接下去的航线。

噢！今天早上学习到了这么多航海知识，真是太高兴了！

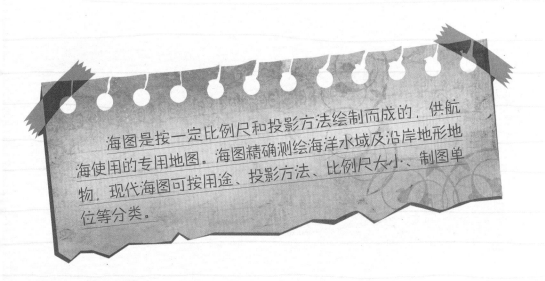

海图是按一定比例尺和投影方法绘制而成的，供航海使用的专用地图。海图精确测绘海洋水域及沿岸地形地物，现代海图可按用途、投影方法、比例尺大小、制图单位等分类。

认识杰克

"泰西斯"号上，除了船长汉森先生外，还有十几名船员，他们都有各自负责的工作。我听他们说，汉森先生从十几岁的时候便在海上生活，跟大海打交道已经有二十多年了。难怪大家都那么**尊敬**他。

现在，我们正在驶向大西洋中一片非常著名的海域——**加勒比海**。

我曾经在书上读到过，从 16 世纪开始，西班牙人就不断地跑到南美洲掠夺黄金。当他们行驶着载满了黄金的船经过加勒比海的时候，屡屡遭到**海盗**的袭击。海盗选择加勒比海作为作案和藏身的地点，是因为这片海域的地形十分复杂，小岛**星罗棋布**，他们很容易躲过追击，隐藏起来也十分方便。

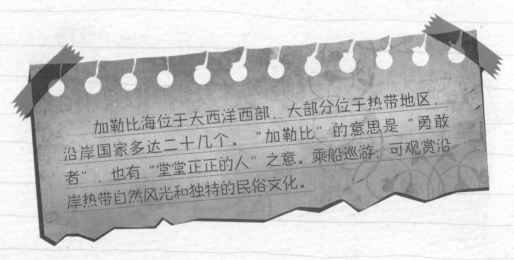

加勒比海位于大西洋西部，大部分位于热带地区，沿岸国家多达二十几个。"加勒比"的意思是"勇敢者"，也有"堂堂正正的人"之意。乘船巡游，可观赏沿岸热带自然风光和独特的民俗文化。

我站在船头，心中对那个时代充满了向往。突然，一个和我年纪差不多的男孩子出现在了甲板上。他个子比我稍微高一点，皮肤被太阳晒得黑黑的，胳膊十分粗壮。我会发现他，是因为他的脖子上挂着一串**闪闪发光**的东西。那串东西反射的太阳光，恰好照进了我的眼睛里。

　　我被他吓了一大跳，因为我正想着电影里有关海盗的画面——一个个脖子上挂着骷髅项链的海盗顺着缆绳，纷纷从海盗船上向商船的甲板上滑过去——他就正好出现了。

　　看着他向我这边跑了过来，我不禁指着他的脖子问："咦，这是什么呀？"

　　"这是用海螺和贝壳做的项链呀！"他十分**惊讶**，"难道你以前没有见过吗？"

　　"我见过海螺和贝壳，但从没见过这么漂亮的。它们似乎会发光！"我凑近看了看。

　　"当然了，在古代，这可是宫廷里的人才能戴的首饰呢！"听到我的夸奖，他非常高兴，也有几分得意，"不过，他们那时候戴的可不一定有我这串好！对了，我叫杰克，你叫什么名字？"

"我叫小贝尔。杰克，你好！"我伸出手和杰克握了握。

很快，我和杰克便成了好朋友。他告诉我，他是汉森先生的儿子。我实在高兴，没想到船上还有这样一位和我年纪差不多的伙伴。杰克有时候会跟着汉森船长出海，就像这次一样，所以他知道不少有关航海的事情。一想到接下来我们每天都可以一起玩，我心里激动无比。

"瞧！"杰克摘下脖子上的那串项链，向我介绍，"这是**虎斑贝**，是在中国捡到的；这是**女王凤凰螺**，是在美国的佛罗里达海岸捡到的；这是马尼拉贝；而这个叫皇后大蛤，它来自西印度群岛。"

贝壳指的是包围在软体动物体外的一层坚硬的钙化物。软体动物体内没有骨骼，为了保护自己的身体，便在身体表面形成了一层包围身体的坚硬钙化物。贝壳不但坚硬，而且外观、色泽都非常漂亮，有些甚至像珍珠一样流光溢彩，常常被人们作为装饰品。

杰克看出我非常喜欢他的项链，便把项链送给了我。作为回礼，我也跑回船舱，拿出我自己制作的一份植物标本送给了杰克。

我迫不及待地戴上了杰克送给我的项链，我觉得自己看起来像一个海上冒险家。墨菲围着我"汪汪"直叫，似乎特别羡慕我，也想要一串这样的项链呢！我把一个海螺贴在它耳旁，它**煞有介事**地闭着眼睛听了很久。

墨菲真是一个机灵鬼。只是不知道，它是不是也听到了海螺里面那回荡着的海啸一般的"轰轰"的声响。

遭遇海雪

今天，我们的船停在了一座小岛旁。

汉森先生和他的船员们要在附近进行一些科学研究。我和杰克决定带上墨菲一起下船，上岛玩。当我们正要出发的时候，我们看到汉森先生和船员们拿出一些很奇怪的装备，便停下来看了好一会儿。

原来，那是潜水服和水底摄像机，他们打算潜到潜海海域的海底拍一些照片。一听船员打算去海底，我和杰克便打消了上岛玩的念头，央求汉森先生也带上我们。

开始的时候，汉森先生觉得对两个孩子来说，潜水实在太危险了。但我和杰克再三央求，一再保证我们一定不会胡闹，一定会注意安全，他最终答应了我们。

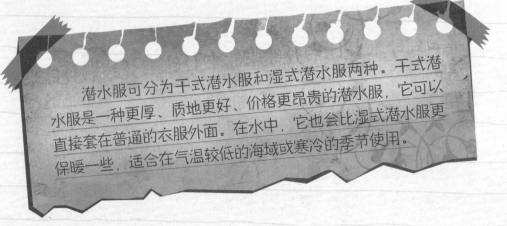

潜水服可分为干式潜水服和湿式潜水服两种。干式潜水服是一种更厚、质地更好、价格更昂贵的潜水服，它可以直接套在普通的衣服外面。在水中，它也会比湿式潜水服更保暖一些，适合在气温较低的海域或寒冷的季节使用。

终于可以潜水了，我们既紧张又激动。等汉森先生给我们拿来了潜水的装备，我们立刻将潜水服套在原来的衣服外边，做好热身运动，然后戴上潜水镜，配好氧气筒，接着便一头扎进了水里。

　　入水的时候，我紧张地闭上眼睛，一点儿也不敢睁开。没过多久，我觉得自己的身体变得轻了许多，像被什么东西托住了似的。我不禁睁开眼睛一看，哇！和在船上看到的景色完全不一样，大海的颜色不再是蔚蓝色的了，而是碧绿的翡翠色。

　　在海里的感觉真好！长长的海藻在我的下方，像水蛇一般轻柔地

摆弄
着 身 体；
鱼儿成群结队地在
我身边游来游去，似乎一点
儿也不害怕我这个陌生的拜访者。可是
当我向它们游过去，伸手想抓它们的时候，它们却突然像喷射的火箭

一样，一转眼就跑得无影无踪了。

我回头一看，杰克正在我背后逗着一只**大海星**呢，它看起来一动也不动。我猜想，海星跑不快，于是它决定放弃抵抗，干脆装死了。

看着杰克玩了一会儿，我回过头接着玩自己的了。突然，我的双脚似乎被什么东西抓住了。紧接着，身体和双手也变得僵硬了起来。

刚开始我还以为是杰克在和我开玩笑，但当我回头，看见杰克正在远处逗弄小鱼呢！

我大吃一

惊，感到一种透骨的寒冷，寒气似乎一下子就钻破了厚厚的潜水服，然后进入我的骨头里。

发生什么事了？我怎么游不动了？我的身体似乎被什么黏糊糊的东西包住了，看起来像是一些白色的泡沫。我刚才只顾着往前游，完全没发现自己竟然闯入一团白色怪物的中间。

我拼命地用手扒拉着，试图将它们抹掉。杰克也发现我遇到麻烦，急忙游过来帮忙。当我们抬头看时，头顶上也有几团类似的白色泡沫，它们正在缓缓下落，看上去像在下雪一般。难道海里也会下雪吗？

杰克帮我抹掉那团"雪"之后，我和杰克便上岸了。等汉森先生上来后，我把自己刚才的经历告诉了汉森先生。汉森先生告诉我，那团白色的泡沫叫作**海雪**。他还说，海雪对潜水员来说很危险，因为它有毒，而且气味难闻，还会把人缠住。

看来，如果再有机会潜水，还真要更小心一点才好！

由于地球气温的上升和环境的破坏，海洋中越来越多的地方出现了一种形状像雪一样的黏液状物质，这种物质被称为海雪。海雪中包含了大量细菌和病毒，对人体的健康有很大的危害，潜水时要格外小心。

美丽的小丑鱼

　　昨天，汉森先生下海的时候，顺便带回来了一条很特别的鱼，并把它作为礼物送给了我和杰克。自从认识了杰克，征得爸爸同意后，我就和杰克住在同一间船舱里，汉森先生说："小伙子跟小伙子住在一块，可要互相帮忙哟！"

　　今天一早，我就看见那条鱼在鱼缸里游来游去，好像在寻找什么，样子有些**可怜**。它的身体不大，大概和我的手掌一样大，不过非常漂亮，甚至有几分花哨。昨天晚上天太黑，我没有看清它的样子。现在一看，它身体的主色调是黄色，但在接近头部和尾部的地方是白色的，而背部又从绿色逐渐变成了深黑色。整个看起来，就好像有人曾经一把将它抓起，然后拿着

蜡笔仔细地涂上了这么多颜色，像极了京剧里那些丑角的脸。

汉森先生说："它的名字就叫作**小丑鱼**。"

"小丑鱼？这个名字可真奇怪！"听见汉森先生这么说的时候，我惊讶地说道。

小丑鱼是一种热带海洋鱼，身上有白色的条纹，和中国京剧里的丑角非常像，因此得名。由于它和海葵相互依存，所以又被叫作海葵鱼。目前已知的小丑鱼有28种，如黑双带小丑鱼、黑豹小丑鱼、咖啡小丑鱼等。

"奇怪的可不只是名字。这种鱼很特别，你别看它小小的，外表也很柔弱的样子，它可是能够跟毒性很强的**海葵**生活在一起，却不会受到伤害的鱼呢！而且，雌鱼比雄鱼强壮。更奇怪的是，这种鱼能够改变性别，在一个小丑鱼家庭中，如果哪天雌鱼消失不见了，雄鱼会变身成雌鱼，担负起繁衍后代的责任。"说起海洋动物，汉森先生简直是如数家珍，真不愧是一位经验丰富的老船长！

我听得目瞪口呆，缠着他告诉我更多的海洋知识。他告诉我，在海里有一种外表很像植物的无脊椎动物，那就是海葵。它们的颜色很鲜艳，像许

多绽放在海底的花朵，随着海水起舞的样子非常漂亮，但实际上它们是一种很危险的**食肉动物**。有时候，一些粗心大意的小鱼、小虾会把它们当成了海藻，然后游过去休息。

这个时候，海葵就会一把将它们抓住，接着释放出毒素把它们毒死，然后吃掉。

但是，小丑鱼不怕海葵的毒。小丑鱼一出生就和海葵生活在一起，慢慢地，它们形成了一种**共生关系**。小丑鱼躲在有毒的海葵触手间，它的天敌根本不敢来惹它；而海葵每一次捕到猎物后，也无法全部吃完，所以小丑鱼也能分一杯羹。

不过，小丑鱼可不是那种好吃懒做的**大懒虫**，它会帮助海葵清理垃圾和食物残渣。更重要的一点是，小丑鱼在海葵的触手间自由地进进出出，会让海中其他小鱼以为海葵没有什么危险，把海葵当成海藻，从而放心地游过去，结果被海葵作为食物吃了。

　　"那么，这不就是**坐收渔利**了吗？"我笑着说。

　　小丑鱼自由地生活在海葵的触手间，不是不怕毒，而是它们聪明地使自己具有了防毒的能力。海葵的触手上附有一种黏液，能够抑制刺细胞的弹出，避免误伤自己。小丑鱼与海葵共生前，会小心翼翼地先从触手上采集这种黏液，并将其涂在自己的身体上，直到成为海葵的"自己人"。

　　汉森先生听了，哈哈大笑起来，然后接着说："海葵移动的速度是很慢的，要不是有小丑鱼帮忙，可没那么多傻鱼儿白白撞上门来送死。小贝尔，你说得很对，确实是坐收了'鱼利'！"

　　和汉森先生聊天就是好，今天我又明白了一个道理：海洋中的生物，哪怕是毫不起眼的小不点儿，也是有它存在的意义的！

路过珊瑚岛

我们在海上又航行了好几天，我开始感到有点**疲惫**和**厌倦**了。杰克和我将我在亚马孙河收集到的标本翻了一遍又一遍，标本都快被翻烂了。墨菲似乎生病了，整天伸着长长的舌头，一副闷闷不乐的样子。看来，之前那位叔叔说的是对的。

中午的时候，我们看到远处海平面上出现了一小片陆地，这才不**由得精神一振**。那是一个热带海洋中的小岛，岛上长满了翠绿的树木。我们的船慢慢朝它靠近，接着从它的侧面绕了过去。我和杰克充满期待地回头张望着它，我们多么希望可以到岛上去看一看，玩一玩。可是，汉森先生和爸爸都不同意，因为那座小岛不在我们的停留计划中。

我们靠近小岛的时候，汉森先生和他的船员们都在忙碌着，有的船员看起来还十分紧张。杰克说："这里

有**暗礁**，船不小心撞上就糟了，我们得小心翼翼地绕过水中的暗礁。"
他还告诉我，在 1975 年的时候，"伊丽莎白二世"号邮轮就曾经在这
一段海域撞上过**珊瑚礁**。

珊瑚是珊瑚虫的石灰质骨骼，珊瑚虫是一种体型很小的无脊椎动物，靠捕食海中小型的浮游生物为生。由于珊瑚虫总是生活在珊瑚堆上，因此珊瑚能够像植物一样不断增高变大，形成珊瑚礁。珊瑚礁是各种海洋动物栖息的场所，是海洋生态系统中一个重要的部分。

"21 世纪的人在航海时所遇到的风险要小得多啦！现在的船比过去的坚固许多不说，我们对海洋也比过去有了更多的了解。万一出现了危险情况，也有许多补救的办法。不像以前，在海上冒险的人，永远都不能确定明天会遇上什么事！"杰克摆出一副老水手的架势继续说，"这一带的暗礁很多，很危险！"

"要是世界上没有珊瑚这种东西，那么航海的人日子就会好过得多！"我随口附和了一句。

"小贝尔，这你可就大错特错了！要是世界上没有了珊瑚，别说航海的人会不好过，全世界的人都会不好过！你知道吗？世界上大约有**4000 种**鱼生活在珊瑚礁周围！要是这些珊瑚没了，那些鱼自然也会消失，整个海洋的生态系统就会受到巨大的破坏！"

"珊瑚对人类来说也是很有用的东西，**珊瑚**可以用来做药材，也可以用来做一些漂亮的小玩意。珊瑚礁附近往往会有丰富的矿产资源，这些都是人类所需要的。就连许多岛屿，比如我们现在正经过的这座，实际上就是由珊瑚堆积而成的。"杰克真是厉害，听得我既佩服，又有点儿小嫉妒。

"小贝尔，你刚才说的话，有一半是对的。"不知什么时候，汉森先生已经走到我们身边了。杰克叫了一声了"爸爸"，我叫了一声"汉森先生"。

汉森先生微笑着一一答应，然后接着说："那就是，如果我们再不注意保护环境的话，地球上可能很快就会没有珊瑚了！我们的**生活污水**中含有大量的有害物质，它们被排入海洋后，会导致珊瑚大量地死亡。另外，**二氧化碳**含量急剧升高，从而导致全球气温的上升，也会使珊瑚面临灭绝的危险，因为它们只能够在适宜的温度下生存。要是人类污染海洋的状况得不到改善的话，也许过不了多久，珊瑚这种地球上最古老的生物就要彻底地消失了。"

汉森先生这么一说，我又看了看那座漂亮的小岛。这么美丽的小岛，要是消失了，真是太可惜了。我不禁在想，我们人类文明的高速发展，给地球带来的影响，到底是好处多，还是坏处更多呢？

除了人类造成的破坏以外，对珊瑚来说，海星也是一种十分冷酷的杀手。它们爬上珊瑚礁，吐出自己的胃，将礁上的小·珊瑚虫消化掉后吞食。吃光一片区域的珊瑚虫后，海星就会去寻找下一个目标。

9月9日　星期日　晴

一起躲猫猫

　　今天，我们的船停靠在一座小岛旁。和上次不一样，汉森先生和他的船员们准备在这里停留几天。所以，我和杰克，还有墨菲终于可以过几天陆地上的生活，好好地玩耍了。真是太棒了！

　　船刚刚靠岸，我和杰克便欢呼着下了船，墨菲也一路跟着我们叫着跑着。我们三个是最先到岛上**探险**的！

　　看起来这是一座无人岛，岛上长满了**郁郁葱葱**的树木，很多鸟儿在那里自由自在地歌唱，可好听了。我们在树林中走了很长时间，后来担心会迷路，就开始往回走。不久，我们幸运地发现了一个巨大的山洞。山洞离我们停船的地点不太远。杰克开玩笑说，我们应该把这里作为根据地，像鲁滨孙那样在岛上建一个家。

我们就这样一路说说笑笑回到了船上。休息了一会儿，我们穿上了潜水服，跟着汉森先生和船员们再次到海里探险了一番。这一回，我们在海里又遇到了一些**稀奇古怪**的事。

潜入水中没多长时间，我们就遇到了一对漂亮的小鱼。它们的身体扁平，两眼朝上。它们像是一对双胞胎，一条游到哪里，另一条就紧紧跟随。我们觉得很有趣，便跟了过去，没想到它们转身便逃。我们追了一会儿，追到一块岩石处，它们就消失不见了！

过了好一会儿，我们才发现，原来这对奇怪的小鱼竟然像变色龙

拟态是一些动物特有的一种本领，能临时性地将自己身体的颜色或形状变得与其他动物、植物或周围环境相似，以此实现"隐身"，达到躲过攻击或猎取食物的目的。

一样，改变了自己身体的颜色，变得跟那块长满海藻的岩石一样。要是不仔细辨认，还真看不出来呢！

浮出水面的时候，杰克对我说："那是比目鱼，它们总是**成双成对**地生活在一起，而且根据环境的不同，能通过改变身体的颜色来隐藏自己，像躲猫猫一样。"

"原来，在海中也有变色龙啊！"我惊讶地说。

"那有什么了不起的。"杰克说，"**比目鱼**只是改变身体的颜色而已，要是我们能碰上一只章鱼，肯定会让你更吃惊呢！"

"我知道章鱼，它们遇到敌人的时候，会喷出墨汁来，然后趁乱

比目鱼也叫扁口鱼、板鱼，是一种两只眼睛长在身体同一侧的怪鱼。以前，人们以为它们需要两条鱼叠在一起游泳，才能辨别方向，于是给它取了这么一个有趣的名字。比目鱼身体扁平，只有一段背鳍。它们主要生活在温带浅海水域的沙质海底，以小鱼、小虾为食。

比目鱼

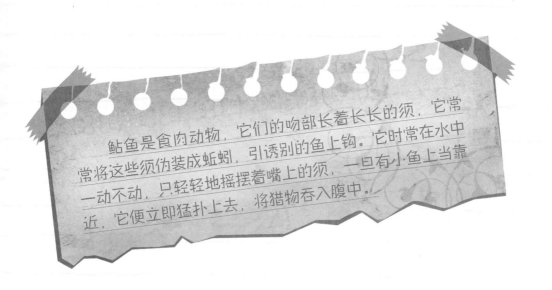

鮟鱇是食肉动物，它们的吻部长着长长的须，它常常将这些须伪装成蚯蚓，引诱别的鱼上钩。它时常在水中一动不动，只轻轻地摇摆着嘴上的须，一旦有小鱼上当靠近，它便立即猛扑上去，将猎物吞入腹中。

逃走。我可不想碰见它，免得被它喷一脸墨汁。"我急忙抢过话头。

"可没那么简单！"杰克说，"章鱼最擅长拟态了，它们能像比目鱼一样变化身体颜色，而且还可以通过改变自己身体的形状模拟其他海洋动物。我以前养过一只，但后来它把自己的身体缩成一团，悄悄从水族箱的缝隙中钻出来溜掉了。章鱼非常聪明，常常把自己伪装成珊瑚，要不就伪装成一块覆盖着海藻的石头，然后悄悄向猎物靠近。那些被捕食的小鱼、小虾，到了它嘴里，都还不知道是怎么回事呢！"

"还有，鮟鱇也会用拟态的方法来捕食！"

"是的，很多水中的小动物都会这一招，像铠甲虾、豆丁海马等，它们要么是为了捕食，要么是为了避开天敌，能够很快地把自己的外形变得和周围的环境很相像，不仔细观察的话，是很难看出来的。"

动物们可真神奇，要是我也会它们的这种本事就好啦！

危险的水母

今天下午，我和杰克一块到岸上去玩了。

上一次，我们发现岸上有一些**椰子树**，杰克说我们应该去采一些椰子回来。不过，椰子树可不是那么容易就能爬上去的。可是，我们又没有一群肯听我们话的猴子，可以帮我们爬上去摘椰子。所以，我们只好从船上拿来一根长长的竹竿，还捡了一些石块，这才好不容易打下了几颗。

我们兴高采烈地往回走，到了沙滩上，我们遇到了从船上下来的几位叔叔。其中一位叔叔遇上了些麻烦，他的一只手臂上起了一些红斑，脸色也很难看，看起来十分痛苦。船医给他做了紧急治疗后，就把他送回船上了。

原来，那位叔叔刚才到

水母是一种生活在海洋里的无脊椎动物，身体95%以上都是水，寿命很短。水母游动的时候，身体闪耀着一种奇异的光芒，显得异常美丽。但是它们的触手上布满了如同毒针一样的刺细胞，能分泌毒液，迅速麻痹敌人，甚至致死。

海里去的时候，不小心被**水母**蜇伤了。

"水母是什么？"我问。

"瞧，这就是水母！"一位叔叔指着已经被他们放进鱼缸里的一个圆脑袋——一个像章鱼一样长着许多长长的脚、全身透明的家伙说，"它的身体几乎全部是由水组成的。"

我凑过去看了看，它的样子挺漂亮，挺讨人喜爱的，不过也有那么一点阴森森的感觉。

"别看它长得很漂亮，水母可是一种非常危险的生物。"这位叔叔接着说，"它们生活在近海地带。当某个水域有大量的水母经过时，几乎能将这片水域的小鱼和浮游生物**赶尽杀绝**。它们在外形和捕食手段上都像一群幽灵，它们的触手上带有许多**刺细胞**，刺细胞能释放出毒素来攻击猎物，能轻而易举地毒死猎物。"

"啊，这么可怕，那刚才那位叔叔，他……"我不禁担心地问。

"这你倒可以放心。"这位叔叔拍了拍我的肩膀，"这些毒素对人来说，并不是都能**致命**的，主要看遇上的是什么种类的水母。被毒性不强的水母蜇伤时，只需要擦去刺细胞，再进行消毒，一般就不会有危险了。刚才蜇伤那位叔叔的水母毒性不强，所以尽管放心好了。"

这位叔叔后来还告诉我们，如果遇上毒性特别强的水母，那就很难办了！生活在澳大利亚的**箱水母**，它们的触须能伸展到3米以外，而且每条触须都有巨毒，能在短短几分钟内就将一个人毒死。

"水母的毒性这么厉害，难道在海洋中，就没有谁可以制服它吗？"杰克插嘴问道。

"当然有啊，比如海龟和翻车鱼。"叔叔笑着说道，"海龟和翻车鱼都喜欢吃水母。海龟可以在水母群中自由地穿梭，水母拿它们一点儿办法都没有。"

翻车鱼也叫太阳鱼，是世界上形状最奇特的鱼之一，最大的可达5.5米，重3500千克。因为它的身体像一个大碟子，而且几乎不存在尾鳍，所以也被人们称为"会游泳的头"。此外，之所以得名太阳鱼，是因为它常常躺在水面上晒太阳。

回到船上后，我把自己遇到的事和爸爸说了一遍，爸爸说水母还有另一个天敌——那就是我们人类。人类可以是任何生物的朋友，也可以是任何生物的天敌。

9月11日　星期二　多云

海上的鸟儿

今天，
我们在海岛
上有了重大的发现。我们发现了
一对正在孵蛋的**信天翁**。杰克说，它们也许
是迷路了，因为在北半球，信天翁可是很少见的。

这对信天翁把它们的巢筑在海岛的一处峭壁上，在望远镜里（我们不敢靠得太近，怕惊吓到它们）我们看到，巢里面有一颗巨大的白色鸟蛋。雄信天翁和雌信天翁轮流用自己的身体来温暖着这颗蛋。

　　杰克告诉我，信天翁可比母鸡有耐心多了，因为信天翁的蛋要花大概两个月的时间才能够孵出幼鸟。而且幼鸟出生后，鸟爸爸、鸟妈妈还会守着它，一直到它换过几次羽毛，身体变得强壮起来才会离开。

　　信天翁是海鸟中的大家伙，也许是因为身体太重了，它们有时候要像跳水运动员一样，在悬崖边上迎着风往前冲，才能够飞得起来。但是，它们在天上飞行的时候，却有一项特别的本领，能够许久都不扇动一下翅膀，就那么直直地向前**滑翔**。这可比同样喜欢玩滑翔的燕子厉害得多，因为燕子最多只能滑翔十几秒钟！

　　之前我们在海上航行的时候，时常就有许多信天翁跟在我们后头。信天翁是水手们最尊敬的一种海鸟，船上的叔叔们很喜欢它们。在过去，航海的人有不猎杀信天翁这条规矩。他们相信信天翁是不幸遇难的海员的化身。

　　看来，在茫茫的大海中航行的时候，我们还不算孤独。比起我们在海上时常遇到的**各种各样**的海鸟，它们才是孤独的旅客。那些海鸟有时迎面而来，然后朝着各自的方向飞去；有时它们像有意与我们结伴，久久地在我们头顶上盘旋。

这些穿越海洋的海鸟真是了不起，它们一生旅行的距离可比我们人类长得多了！我觉得，长途旅行是一件非常美好的事。

海鸥是海洋上一种常见的候鸟。它们常常会聚集在海港周围，除了捕食鱼虾外，也喜欢吞食被人类丢弃的残羹剩饭，因此也被人们称为"海港清洁工"。

船上一位叔叔说，海鸟是航海人的**好帮手**。例如海鸥，如果海上某个地方有一群海鸥聚集在一块而且鸣叫不休的话，就说明那里很可能有暗礁；如果海鸥在海上贴着水面飞行，就说明接下来的一段时间天气会很晴朗；如果它们离开水面，高高飞翔，甚至集结起来朝岸边飞去的话，那就说明暴风雨要来了。

叔叔又说，他们还见到过一种十分霸道、坏心肠的**军舰鸟**。它们身强力壮，体型与信天翁差不多，但是品性不好，老爱抢夺其他海鸟的食物。

　　有一回，一只鲣鸟好不容易才捕到一条鱼，那强盗般的军舰鸟立即扑上去，咬住鲣鸟的尾巴。鲣鸟痛得大叫，只好将猎物拱手相让了。这样的家伙真是**让人讨厌**！

　　鲣鸟是一种热带海鸟。鲣鸟十分勤劳，在哺育幼鸟的季节，每次捕到鱼虾后都会带回巢里先喂幼鸟。鲣鸟在渔民的眼中非常重要，因为一旦在海上迷了路，渔民可以跟着鲣鸟找到回家的路。因此，鲣鸟又有"导航鸟"的美誉。

鲣鸟

游泳惊魂

今天，我们继续停留在海岛上。被水母蜇伤的那位叔叔已经没有大碍了。汉森先生和他的船员们仍然**忙碌不休**，根本没空管我和杰克。

吃完早饭，我和杰克又跑到岛上，去看望信天翁夫妇和它们的那颗蛋，不知道小信天翁今天会不会出生呢？可是，我们从望远镜里看了很久，它们还是呆呆地蹲在那里，那颗蛋也没有要裂开的迹象，渐渐地，我们都**哈欠连连**了。

慢慢地，太阳越升越高，天气也越来越热。杰克提议："你要是不怕水母的话，我们就下水游泳吧！"我立即答应了。万万没想到的是，我们没有看到水母却遇见了鲨鱼。

我们爬上了一块礁石，像准备起飞的信天翁那样，向前冲几步，

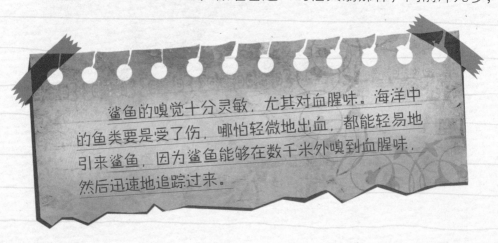

鲨鱼的嗅觉十分灵敏，尤其对血腥味。海洋中的鱼类要是受了伤，哪怕轻微地出血，都能轻易地引来鲨鱼，因为鲨鱼能够在数千米外嗅到血腥味，然后迅速地追踪过来。

然后一跃而起，接着一头扎入了水中。
像这样炎热的中午，在海里游泳可真畅快！
我和杰克比赛游泳，以远处的一块礁石为目标，奋力地向那里游去。

　　但是，我很快就落了下风，杰克游泳的技术可比我高明得多。我还在边游边喘气的时候，他已经在那块礁石上玩弄起藏在石头缝中的虾和螃蟹。

　　突然，他"啊哟"一声大叫起来："好家伙！竟然钳我！"他举起一只手，手指上鲜血淋漓。我连忙游过去，看到一只大螃蟹正仓皇地往石缝中逃去。

　　我跟杰克说："我们先回到岸上去处理一下伤口吧！"他却满不在乎，坚持要再比一场，看谁潜在水中的时间更长。我见他没有什么大碍，又经不住他挑逗，便答应了。我们同时深吸了一口气，便一头扎进了水中。

　　我闭着双眼，努力地屏住呼吸，时间似乎变得异常缓慢。为了不再次输给杰克，我决定无论如何都要坚持到最后一刻再浮上去。突然，一个巨大的波浪从身后直打过来，把我拍在了礁石上。**我大吃一惊**，睁大眼来想看个究竟。只见杰克惊慌失措地大喊大叫，他着急地一把拉着我，飞快地往岸边游去。

"快跑！是鲨鱼！"杰克大喊。

只见一个像小山丘一样巨大、张着**血盆大口**、露出满嘴匕首般锋利牙齿的家伙，正从不远处朝我们游过来。我吓得**浑身发抖**，也不知道从哪里生出的力气，拼命地向岸边游。

尽管鲨鱼十分凶猛和危险，鲨鱼袭人的事件也时有发生，但鲨鱼一般不会主动攻击人类，而且它在海洋生态系统中起着十分重要的作用。有些人为了获取"鱼翅"，肆意地捕杀鲨鱼，鲨鱼数量正在剧减，甚至面临灭绝的危险。

我们再也没敢回头多看一眼，直到我们脚踩着陆地，跑出老远后才气喘吁吁地回头看那个可怕的家伙。

"太好了，这里是浅滩，它跑掉了！"杰克说道，"幸好刚才我们没有游得太远！"

原来鲨鱼并没有追着我们，也许只是恰好在附近捕食或者闻到了血的味道，才会游到这么浅的水域来。鲨鱼游到海滩附近时，见无利可图，它便转身朝深海游去了。

真是虚惊一场啊！

墨菲的假发

今天一早，"泰西斯"号便离开小岛，继续向前航行了。

这几天里，汉森先生和他的船员们采集了许多样本，还用水下摄像机拍摄了不少珍贵的照片。我和杰克在海图上标下了这座小岛的位置，将它命名为**"信天翁岛"**，并约定：如果有机会，将来还会再到这里。

我在船舱里看了一会儿史蒂文森的《金银岛》。杰克和墨菲都不知道跑到哪儿去玩了。当我看到书中吉姆意外地发现海盗的小艇，准备将它划走、藏起来时，墨菲突然跑了进来，后面紧跟着杰克。

"墨菲！你给我站住！"杰克的声音从船舱外传来。

墨菲跑到我的身旁，抬起前脚搭在我的膝盖

上，得意地晃了晃它的小脑袋。我一看，不由得哈哈大笑，只见它头上花花绿绿的，看起来和戴上了**假发**一样。它一定觉得自己的装扮漂亮极了，因此才跑过来找我，让我也欣赏一下！

"墨菲，你不能拿走那些**海藻**！"杰克追上来。

这时候，墨菲早就藏到我身后去了。原来这几天，船上的叔叔们在海底采集了不少海藻，今天趁着天气晴朗，将它们晒在甲板上，谁知道竟被墨菲当成了"假发"。

我突然想到一个问题，便问道："杰克，你说海藻是靠什么活着的？

> 海藻是海带、紫菜、裙带菜、石花菜等海洋藻类的总称，它们不像高等植物有根、茎、叶之分，它们不开花也不结果，却是海洋中十分重要的植物。海藻具有非常丰富的营养，亚洲人将海藻作为食品的历史十分悠久。

它们可是长在海里的，那里可几乎没有阳光啊！"

"阳光？海里面当然有阳光啊！虽然很大一部分被海水遮挡住了，但海底的植物也是依靠**光合作用**来获得能量的。只是水越深，阳光会越弱，所以海底植物通常都分布在浅海区。"

"只在浅海区，那它们的数量是不是很少？"

"一点也不少！"爸爸走了进来，"海底的植物可是有**1 万多种**！既有高等的种子植物，也有低等的藻类植物，大的巨藻可以长到几十

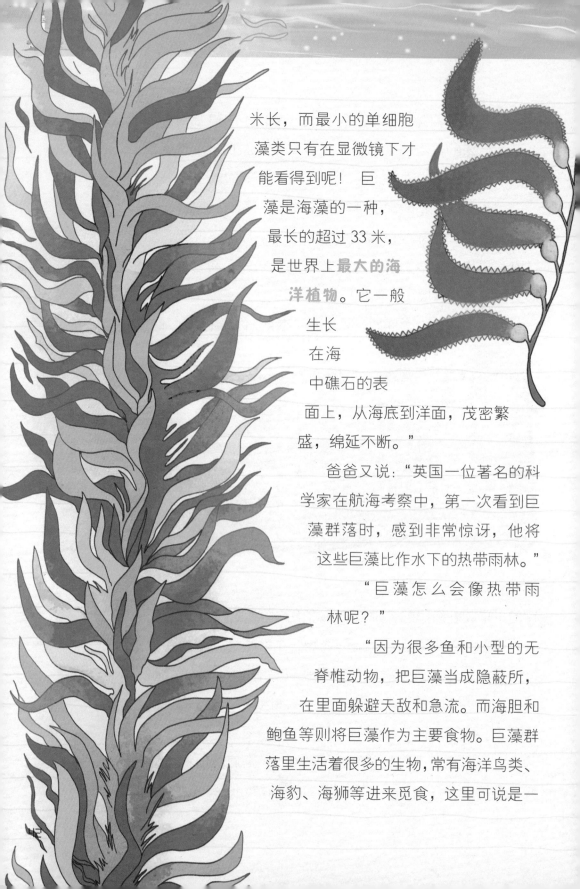

米长，而最小的单细胞藻类只有在显微镜下才能看得到呢！ 巨藻是海藻的一种，最长的超过 33 米，是世界上**最大的海洋植物**。它一般生长在海中礁石的表面上，从海底到洋面，茂密繁盛，绵延不断。"

爸爸又说："英国一位著名的科学家在航海考察中，第一次看到巨藻群落时，感到非常惊讶，他将这些巨藻比作水下的热带雨林。"

"巨藻怎么会像热带雨林呢？"

"因为很多鱼和小型的无脊椎动物，把巨藻当成隐蔽所，在里面躲避天敌和急流。而海胆和鲍鱼等则将巨藻作为主要食物。巨藻群落里生活着很多的生物，常有海洋鸟类、海豹、海狮等进来觅食，这里可说是一个小的**生态系统**。"

"那么多生物在里面生活，巨藻不会被吃光吗？"

"哈哈，巨藻可是世界上生长最快的植物之一，它每天可以长30厘米！"

杰克小声说："以前听老水手说过，当这些海藻疯狂生长时，就会把来往的船困住，这片海域就可能变成死亡之海。"

"啊！这么恐怖吗？"我瞬间感觉一股凉气在背后蔓延。爸爸却笑着说："你说的是**马尾藻**，和我们刚才说的巨藻可不是一回事。"看着我们好奇的表情，爸爸指了指墨菲头上的海藻，接着给我们讲解，"马尾藻也是一种常见的海藻，不过外形很特殊，往往是呈一大团地在水里漂浮，远远看去就像大海绵。"

海藻森林，指的是由海藻所构成的海底森林，它为大大小小的生物们提供了安全的庇护所。藻类植物能够在海底进行光合作用，为海洋中生活的动物提供必不可少的氧气，对维护生物多样性有重要作用。

爸爸还告诉我们："在北大西洋中，有一片面积达几百万平方千米的海域，那里布满了绿色的马尾藻，这片海域也因此被称为'马尾藻海'。远远望去，那里像一个漫无边际的海上大草原。"

我激动地问："我们能见到吗？"

"还是不要见到的好。"爸爸笑着拍了拍我的脑袋，"马尾藻海常被古代水手们称为'魔海''死亡之海'。古时候航运和通信技术

不发达，常有船只不小心闯进马尾藻海，进去以后就被大量的马尾藻紧紧缠住，最后被活活困死。1492 年 8 月 3 日，意大利航海家哥伦布率领的一支船队，就曾在马尾藻海上遇险，经过了整整 3 个星期的艰难航行，才侥幸摆脱了危险。"

"太可怕了，真应该在那里多撒些除草剂，把这些害人的海藻除掉。"杰克**义愤填膺**地说。

"可是，如果除掉了这些海藻，那些依赖海藻生活的生物不就无家可归了吗？而且现在马尾藻已经不会对人类的船只构成威胁了。这些藻类植物还默默地维护着**生态平衡**呢！它们通过光合作用吸收了大量二氧化碳。人类排放出来的二氧化碳，除了森林以外，大部分都是被海洋吸收的。要不然的话，如今二氧化碳的过度排放，地球气温不知上升了多少呢！"

"另外，海底植物可是海洋中所有动物直接或间接的食物来源，没有它们，海洋中所有的生物便都无法生存了。我们人类也时常会食用海底植物，比如，海带、裙带菜……"

　　"啊，墨菲好像要吃海藻了……"爸爸话还没说完，杰克突然喊了一句。

　　墨菲似乎听懂了杰克的话，还没等杰克说完，它就把它的"假发"扔在地上，然后**津津有味**地吃了起来。这一举动，让我们三个人都不禁大笑起来。

救起美人鱼

　　傍晚的时候，海上风平浪静，红彤彤的夕阳把阳光铺在海面上，天空和海洋都被染上了红色，这景象真是美丽极了。船上的一位叔叔突然放开嗓子，唱起了一首水手的歌。突然，有人指着海面喊道："看，是**美人鱼**！"

　　我吃了一惊，美人鱼？难道世界上真的有美人鱼？她真的长得和安徒生爷爷所描述的一样吗？我顺着那人手指的方向看过去，只见远处的海面上浮着一个身形硕大的家伙，它半仰在水面上，怀里还抱着一个外貌跟它十分相似的小家伙。

　　就在这时，我们的船靠得更近了，"美人鱼"的样子也更清楚地呈现在我们眼前。它们的长相，可真的**不敢恭维**：皮肤黝黑，身体肥胖，眼睛小，鼻孔又大又塌，无论哪一点都跟"美"字沾不上边啊！

　　"嘿！美人鱼！你在7个公主里面，排行第几呀？"杰克故意喊道，接着便哈哈大笑起来。

　　"这个美人鱼其实是**海牛**。"也不知道什么时候，汉森先生已经来到我们身后了，"它们的外表的确非常难看，过去水手们在海面上看到它们的时候，也许是因为雾很大，远远地望去只能看到一个人形的轮廓，所以就将它们误认为"美人鱼"了。不过海牛虽然不好看，却是一种性情十分温和的**哺乳动物**。可惜的是，在人类的捕杀下，海牛数量已经越来越少了！"

为了不惊扰正在给幼崽哺乳的那头海牛，汉森先生指挥大家调整航向，避开海牛。不久后，我们在一个海岛边上抛锚了。我坐在船头，想着刚才见到的"美人鱼"，心里还是有些失望，这"美人鱼"和我想象中的也相差太大了吧！

海牛是哺乳纲海牛目动物的统称，现存唯一的草食性海洋哺乳动物。现存的海牛目只有4个物种，即儒艮、加勒比海牛、亚马孙海牛和非洲海牛。加勒比海牛吃60种以上的植物，几乎都是被子植物，每天摄入的食物约达其体重的7%。

突然，海面上隐约传来一阵低低的哭泣声，听起来像一个婴儿在哭，我吓了一跳。船上除了我和杰克，难道还有更小的孩子吗？我四处张望，却什么也没有发现。可是，那个哭泣声时断时续，我顿时**毛骨悚然**，只好跑回船舱里找杰克。汉森先生也在，听了我的描述，他微笑着，一言不发地跟我一块走出船舱。

　　"这不是婴儿的哭声，而是海牛的叫声。"听到那声音后，汉森先生说道。

海牛离开水面的时候，为了保护自己的眼睛，它们会像胆小的孩子一样不停地"哭"。它们不断冒出的"眼泪"，实际上并不真的是眼泪，而只是一种为了保护自己而分泌的液体。

　　果然，我们在船身侧面又发现了一头"美人鱼"，它伸出前爪，攀在我们的船上，动作看起来很吃力。

　　"汉森先生，它是不是受伤了？我们把它救上来吧！"

　　汉森先生点点头，令人放下了小艇。最后，在几位船员的合力下，这才好不容易把这个笨重的"美人鱼"抬到了我们的大船上。

　　它的确受伤了，也许是不小心被我们船的推进器擦伤了。它的眼睛里正直冒眼泪，看见这一幕，我突然觉得它好可怜，于是轻轻地抚摸它，想给它一点安慰。

　　很快，船医为它处理了伤口，直到它状况好了许多，我们才将它放回海里。它回到海里很快就向远处游去了，它一边游着还不时转身看向我们，似乎在表达谢意呢！

航海的故事

不知道为什么，那头海牛离开时回望的眼神，以及那天傍晚我们听到的它像婴儿哭声般的叫声，这两天总是在我的脑海中**挥之不去**。

看着眼前茫茫的大海，我突然感到有些孤独。也许是因为那哭声让我开始想家，想妈妈了。不知道这些日子，妈妈的身体可好？

"小贝尔，你是不是有什么心事啊？"汉森先生走到我旁边说，"看你，怎么好像很不开心的样子呀？"

"汉森先生，您在航海时，会不会有对大海感到**厌倦**的时候？"

"当然，这种情况每一个水手都有过，我也不例外。不过，我们没有选择，航海就是我们的工作呀！小贝尔，既然我们选择成为海员，就必须在自己的道路上一直向前走下去。你一定是想家，想妈妈了吧！我给你讲一个关于大海的故事吧！"

我最喜欢听故事了，一听到讲故事我一下子就有精神了。

汉森先生拿出一只大烟斗，缓缓地坐下说："很久以前，每一片大陆都是独立的，每个大陆的人都不知道大洋彼岸还有另一个大陆。他们认为，如果沿着大海一直往前航行，就会掉入一个深渊。但有人不相信这个传说，他们勇敢地在海上寻找新的世界。"

"尽管别人警告他，海洋中有可怕的巨人妖怪，有像山一样大的巨鸟，有可怕的暴风雨，还有吃人的怪物，但勇于探险的水手不愿意被囚禁在一片大陆上。1492 年，一个叫**哥伦布**的意大利人，带着三艘船，经过了两个多月的航行，成功地穿越了我们眼前这片海洋——大西洋。"

"我知道哥伦布，他是发现美洲大陆的人！"

"是的，他来到北美洲，却以为那里是印度。直到他逝世以后，人们才意识到哥伦布发现的是一片新大陆。接下来，越来越多的人开

> 哥伦布出生于意大利，是世界著名的航海家，同时也是地理大发现的先驱者。他在西班牙国王的支持下，先后在1492～1493年、1493～1496年、1498～1500年、1502～1504年进行了4次航行，掀起了大航海时代的热潮。

始了航海探险。1519年，葡萄牙著名的航海家和探险家**麦哲伦**，带领着自己的船队从西班牙出发，一路向西南方向航行，跨越大西洋，绕过了南美洲，进入了太平洋。最后，他的船队成功地环绕了地球一圈，向人们证实了地球是圆的这个事实。"

"当时人们一定感到很惊奇吧！"

麦哲伦及其船队费时近3年完成人类历史上第一次环球航行，扩大了世界各大洲之间的联系，同时以实践证实了地圆学说。但实际上，当麦哲伦抵达菲律宾时，在麦克坦岛被当地居民杀死。仅存的18名船员在埃尔卡诺率领下，最终完成了航程。

"没错！从那以后，大航海的时代来临了。无数的欧洲人穿过大西洋来到北美洲。不过，他们给这片土地上的主人——印第安人带来了无法想象的灾难。在他们的掠夺和屠杀下，印第安人几乎要灭绝了。接下来，非洲人也被强行掳掠到这里作奴隶。海洋成为一条血迹斑斑，沾满了人类的残忍、贪婪和肮脏唾沫的道路。"

"但是，人类社会的飞速发展恰恰又是在这个时候开始的。人类文明中，爱、仁慈、平等和理性能够占据一席之地的时代，恰恰也是在这些血腥与勇气、凶残与力量并存的冒险之后建立起来的。不过，非常可惜的是，强大起来的人类又不断因为滥用地球的资源，给海洋带来了巨大的污染。小贝尔，海洋本来是地球生命的摇篮，也是地球

生命永远离不开的支柱。希望你们这一代的人成长起来后，能够善待它，能够更好地利用海洋。"

汉森先生说完，拍了拍我的肩膀，转身缓缓地走进了船舱。

9月18日　星期二　暴雨

暴风雨来了

我们又向前航行了几天。今天早上，汉森先生说，我们很快就能够遇到洋流，借助它，我们的船航行起来就会轻松多了。

"轻松多了？谁会帮助我们吗？"

"洋流会帮助我们啊，你看——"汉森先生指着遥远的海面，"海水的流动并不都是杂乱无章的。有一些海水会长年固定地、顺着某一个方向流动，我们管这叫**洋流**。航海的时候，如果能够顺着洋流行船，就会非常轻松；但是如果逆着洋流，那就更费劲了！"

洋流是由多种原因造成的，如海水密度的不一致。由于一些海域能获得较多淡水的补充，海水密度较低，另一些海域获得的淡水少，海水密度较高，这便会造成海水的流动。另外，风力和地转偏向力也会对海水的流动产生很大的影响。

"汉森先生，大海这么辽阔，你怎么会知道洋流在哪里呢？"

"这都是航海的人慢慢发现和总结的。在汽船和现代轮船发明以前，航海不仅要靠人力，更要依靠风和水的力量。水的力量多半指的是洋流，洋流又分为暖流和寒流。例如在大西洋，巴西沿岸有一股向西流动的**巴西暖流**，圭亚那、委内瑞拉一带有**南赤道暖流**，北非沿岸有一股**加那利寒流**等。这些大的洋流在某一片区域内，可以让海水

朝着固定的方向流动，这些洋流对航海的人来说十分重要。"

真的像船长说的，我们很快来到了那股洋流海域。顺着洋流，船似乎长了翅膀一般，一下子变得轻了不少，飞快地向前航行。

但是，到了傍晚，狂风从四面袭来，大海**毫无征兆**地变得暴怒，海面上突然聚集了许多乌云，黑暗很快包围了我们。海浪越来越高，它们就像饥饿的野兽，似乎想一口把我们吞到肚子里，但是不能如愿，于是就不断地把我们一把举起，然后又猛地摔下来。

水手们都十分紧张，但是在汉森先生的指挥下，他们各司其职，没有慌乱。海浪继续来袭，我和杰克都有些站不稳了，墨菲也吓得瑟瑟发抖，汉森先生让我们马上回到船舱里去。接着，他自己继续指挥着船员们，试着让船从这场暴风雨的侧翼冲出去。但是，我们的情况似乎越来越不妙了。

"船长，舱内进水了！"一个船员喊。

"组织几名船员堵漏，快！"汉森先生命令道。

"船长，罗盘转动出现异常，有点辨不清方向了！"

"我来掌舵！"

　　"船长，我们撞到礁石了！"

　　……

　　就在这时候，突然有一股奇异的力量托住了我们的船，让我们的船在暴风雨中稳稳地穿行着。尽管暴风雨仍然从各个方向向我们袭来，被撞坏的船体也还在进水，但奇怪的是，我们的船不再往下沉，而是稳稳地朝着一个方向前进着。

　　半个小时后，我们冲出了暴风雨，停靠在了一座小岛边上。

　　加那利寒流是北大西洋漂流的向南分支出来的洋流，因流经加那利群岛而得名。它的宽度为400～600千米。加那利寒流起着降温和减湿的作用，对非洲北部的沙漠的形成有着重要的作用。

陌生的来客

从那一阵可怕的暴风雨中逃出来后，汉森先生立即带人修补了船体。经过昨天一夜的紧张忙碌，我和杰克都累垮了。我们回到船舱里，便一头倒下，**迷迷糊糊**地睡着了。

突然，我听到墨菲"汪汪"地叫了起来。半梦半醒间，我喊了一声："墨菲，不要吵！"可是墨菲就是不听话，一直叫着。我只好微微

地睁开眼睛，只见船舱里竟站着一位陌生的少年。他身材肥胖，穿着一件蓝白相间的礼服，脖子上打着领结，这会儿正礼貌地将帽子拿在手上，微笑地盯着我和杰克。虽然这人穿得一本正经，但因为太胖了，总有点怪模怪样的感觉，让人**忍俊不禁**。我们从没有在船上见到过这位少年啊，他到底是什么时候跑到这里来的呢？

"两位醒了？"他温和地说道。

杰克这时候也清醒了，和我一样，他也瞪大了眼睛，好奇地盯着这位陌生的少年。

"你们一定在想，我是谁？为什么会在这里？我是海洋中的一种生物，谢谢你们曾经救了我的一位朋友。我知道你们对海洋充满

了**好奇**，作为回报，我邀请你们到海里展开一次特别的海洋之旅。"

我们惊呆了。我揉了揉眼睛，不确定眼前发生的事是真实的，还是在做梦。

"杰克，我们去吗？"我和杰克对望了一眼。

"当然！拒绝别人的邀请是不礼貌的。"

少年微笑着，在我们头上分别吹了一口气，然后一扭头，喊了一声"跟我来吧"，便拉着我和杰克一起跳进了海里。

哇，真神奇！我们竟然可以在水里呼吸，也可以像鱼一样敏捷地游泳，甚至还可以张嘴说话。在水底下看，翡翠色的大海真漂亮！我们脚底下是**五光十色**的珊瑚，成群结队的鱼儿在珊瑚和海藻丛中游来游去，一些心怀不轨又懒得挪动身子的食肉动物也藏在珊瑚丛中，正等着我们走到它们旁边去呢！

"我们这是要去哪里呢？你

海豚其实是一种鲸类，只不过体型较我们熟知的鲸小得多，它们非常非常聪明且充满灵性，曾经有4名科学家教会两只海豚700个英语词汇，只花了3年时间。海豚救人的事件时有发生。

到底是谁？"杰克问。

"我们到海底去呀！如果你们不介意的话，我就用我原来的样子

人们发现海豚似乎永远都不用休息，它们总是不停地在游动着。事实上，海豚不是不用休息，只是它们能够让自己的大脑"轮流休息"，即让大脑的一部分处在休息的状态，另一部分保持清醒。

来跟你们见面吧！"于是他在水中翻了一个筋斗，接着就变成了一只大海豚，"我是海豚豆豆，今年5岁。对我们海豚来说，这个岁数和你们的年龄差不多。谢谢你们救了我的朋友——就是上次那头受伤的海牛，它叫琪琪。骑到我背上来吧，这样我们可以游得更快一些，我带你们到海洋的深处去吧！"

我们骑在豆豆的背上，向前游了很长的时间。不知过了多久，我和杰克都觉得累了。豆豆见我们累了，于是拿出两个睡袋，让我们钻进去睡觉。而它自己则在我们周围游来游去，没有一点儿倦意。它跟我们解释说："我们海豚睡觉的方式比较特别，可以一边睡觉一边游动呢！"

可怕的海底坟场

不知睡了多久，我和杰克都醒了，我们继续向前旅行。

"豆豆，为什么我们能够在水中呼吸？你们海豚也能够在水中呼吸吗？"我好奇地问道。

"不，我们海豚和你们人类是一样的，我们都是哺乳动物。我们潜在水里一段时间，便需要浮到海面上吸一口空气。我们并不像真正的鱼类，可以直接从水中获得氧气。"豆豆回答说。

"可是那样多麻烦啊，不断上浮下潜的，既然是**哺乳动物**，为什么不干脆到陆地上生活呢？"杰克说。

"海洋是我们的家园啊！我们和你们一样都热爱自己的家园，我们是不会离开海洋的！而且，我们觉得在海洋中生活得很自在。不过，也有些动物到陆地上生活一段时间后，又重返海洋，例如海蛇。"

"原来海洋里也有蛇啊！"

海蛇属于眼镜蛇科，是一种毒性很强的蛇。它身体细长，略呈圆筒形，通常生活在海岛周围水深不超过100米的浅水中，潜水的时间可达2～3小时。中国沿海有一种全身环绕着55～80个不等的黑色环带的海蛇，叫作"青环海蛇"。海鹰和食肉的海鸟都是海蛇的天敌。

"是啊，蛇类是爬行动物，它们中的一部分选择了陆地，一部分选择了回到海洋。海蛇的毒性很强，也很危险。不过，你们不用担心，大西洋里是没有海蛇的。"

"豆豆，那是什么？"杰克指着珊瑚丛中一个弯曲着身子，嘴巴像喇叭的家伙问道。

"它是**海马先生**，海马先生是海洋中出了名的好父亲，因为它会生孩子！"

"海马先生会生孩子！"我们惊叫道。

"是的，雄海马的身上有一个**育儿袋**，雌海马

将卵产在雄海马的育儿袋中，由雄海马来孕育下一代。杰克，你的眼力真好！海马经常躲在珊瑚丛中，它们的颜色跟珊瑚很像，要发现它们可不容易了。"

我们继续往前游着，周围的景色突然变得荒凉起来。

"豆豆，这里怎么阴森森的，是什么地方呀？"

"这个地方，和你们人类大有关系，这里是海洋中的**坟场**，跟我来吧！"

这是一片位于海底山脉中间的低洼地，上面杂乱无章地堆积着一艘艘船只的残骸，从旧式的帆船，到现代化的轮船，甚至军舰，各

种各样的船只都有。这片荒凉的景象真是让人**不寒而栗**。

"这些船都是在航行的途中，或者不幸遇到暴风雨，或者触到礁石，或者在战争中沉没的。从几百年前到几十年前的都有，有一些船的残骸被你们人类打捞走了，但大部分还散落在海洋的各个角落，其中有一些就沉在了这里。"豆豆说。

我们不解地看着它，它继续说道："你们听说过**奴隶贸易**吗？从16世纪开始，奴隶贸易变得兴盛起来，而大西洋是运送奴隶的船必经的航线。它也是一条**血泪之路**，无数的黑人悲惨地死在了半路上，或者被活活地抛入海里。你们看看这些残船和骸骨，一定要牢记这一段历史，不要让悲剧再一次上演，永远不要战争！好了，我们到下一个地方去吧，你们坐稳了！"

豆豆招呼了一声，然后带着我们飞快地向前游去。

> 新航路开辟以后，欧洲人开始在美洲开辟殖民地。为了获得更多的劳动力，他们开始从非洲掳掠黑人作为奴隶。奴隶贩子载着商品从欧洲出发，到非洲将商品换成奴隶，接着横穿大西洋，将奴隶卖到美洲，再运送黄金或商品返回欧洲，史称"三角贸易"。

神秘的百慕大

　　今天，我们参观了海洋的其他角落。我们知道了，原来我们的船遇到危险的时候，是豆豆和它的伙伴救了我们，它们合力将我们的船推到了安全的地方。我们向豆豆表达了谢意，豆豆很不好意思地说："我们海豚营救落水的生命，这是我们海豚家族古老的传统。"

　　"那场暴风雨来得很古怪，大西洋的天气虽然有时候也很恶劣，但是你们遇到的暴风雨还是非常古怪的。"豆豆说道，"你们太过靠近百慕大了。"

　　海豚救人，这是因为海豚是哺乳动物，刚出生的小海豚没法自己浮出水面呼吸，会有溺水危险，因此成年的海豚就时常托着它们浮上水面。久而久之，就形成了一种本能，见到落水者的时候，海豚也会将他们托出水面。

　　"我听说过百慕大，那是一片可怕的海域！"我说。

　　"不错！在百慕大流传着非常多的传说，它曾经是世界上最令人恐慌和不解的地区之一！"杰克说。

"那里太危险了，传说只要靠近那里，飞机和轮船上的罗盘就会全部失灵。曾经有无数的船只和飞机在那里失踪。传闻 500 多年前，著名的航海家哥伦布航行到这里的时候，曾经遇到跟你们同样的麻烦。他们被一场怪异的暴风雨包围住，船上的罗盘和仪器全部失灵，他们漫无目的地在海上漂流了几天的时间，几乎陷入绝望。但上天眷顾他们，没让他们的船沉没。"豆豆接着说道，"这里曾是船员们心中的禁区，特别是那些缺乏百慕大群岛航行经验的船员。许多船员一听到'百慕大'这几个字就心惊胆战！"

百慕大三角指的是北起百慕大群岛，南达波多黎各，西抵美国的佛罗里达州南端的一个三角形海域，面积约114万平方千米。历史上，曾经有许多飞机和轮船在这片海域里发生事故或神秘地失踪，因此，百慕大三角又被称为"魔鬼三角"。

　　"传说许多船只和飞机都在这里神秘失踪！1918 年美国运输舰'独眼巨人'号，在前往巴尔的摩的途中神秘失踪，还有 1945 年美国海军 19 号机队失踪事件尤为著名。1945 年美国的 5 架飞机在离开佛罗里达州海岸不久后就出现了异常情况，带队的飞行员报告说飞机罗

盘失

灵，随后整个机队

很快就失联了。当晚美国便派出了搜救

队，但其中一架飞机不久也凭空消失了。至今人们

也未找到失事飞机的残骸，各种稀奇古怪的说法随后传出。"

杰克说。

"是这样的，这片位于北大西洋西部的神秘海域里，不断有

船只和飞机销声匿迹，充斥着种种虚虚实实的传说。"豆豆听

后说，"但随着科技的发展，人类已经借助声呐等技术

找到了数百艘船在这里沉没的真实可靠的原因。

你们人类已经解开了多年的谜团，

证实了这片海域的致

命威胁并

非来自于某种超自然力量，而是来自于大自然。"

"但百慕大三角的传说流传已久，已经根深蒂固，深入人心。"杰克吐了吐舌头。

我听后兴奋地大喊："真的太神奇了！<u>豆豆</u>，你带我们去百慕大吧！我想去探险！"

豆豆生气了，严肃地说："我希望你敬畏自然，海上的危险随时都会发生！不要小瞧大自然！"

"我们不去百慕大，但明天我可以带你们去另一个神秘的地方——亚特兰蒂斯！"豆豆回头说道。

沉没的王国

　　豆豆说今天会带我们去亚特兰蒂斯，但是昨天杰克问它有关问题的时候，豆豆只是微笑着说："明天就知道了！"

　　"亚特兰蒂斯？是指传说中沉没到海底的大陆吗？难道世界上真的有过这样一个地方吗？"今天一早，杰克还是和昨天一样，继续追问豆豆。

　　"当然有。"豆豆终于松口了，"那里曾经是很繁荣的地方，他们文明的高度甚至远远超过了你们现在的水平。但是他们最终毁灭了，地球环境一点微小的变化就轻易将他们吞没了。"

　　"我们现在是去西班牙吗？还是地中海？我知道科学家曾经在那里发现了一些海底城市。"

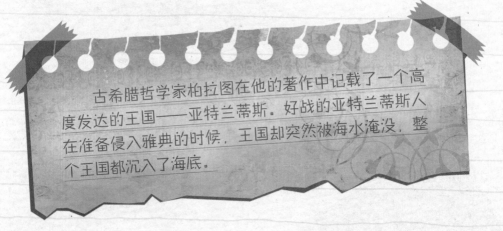

　　古希腊哲学家柏拉图在他的著作中记载了一个高度发达的王国——亚特兰蒂斯。好战的亚特兰蒂斯人在准备侵入雅典的时候，王国却突然被海水淹没，整个王国都沉入了海底。

"不，我们要去地球的最深处！"豆豆说。

"我知道。那是**马里亚纳海沟**！深度超过11000米！"

"杰克，还有比那里更深的地方！跟我来吧！"豆豆带着我们沿着一道海沟，往大西洋的深处游去。

我们抵达海沟深处后，见到豆豆在一块巨岩前，向一位看过去像管理员的人购买了3张门票。

豆豆解释说："多年以前，地壳的变动让亚特兰蒂斯沉到了海底。

之后，喷发的火山灰又一层层地将它埋在了地

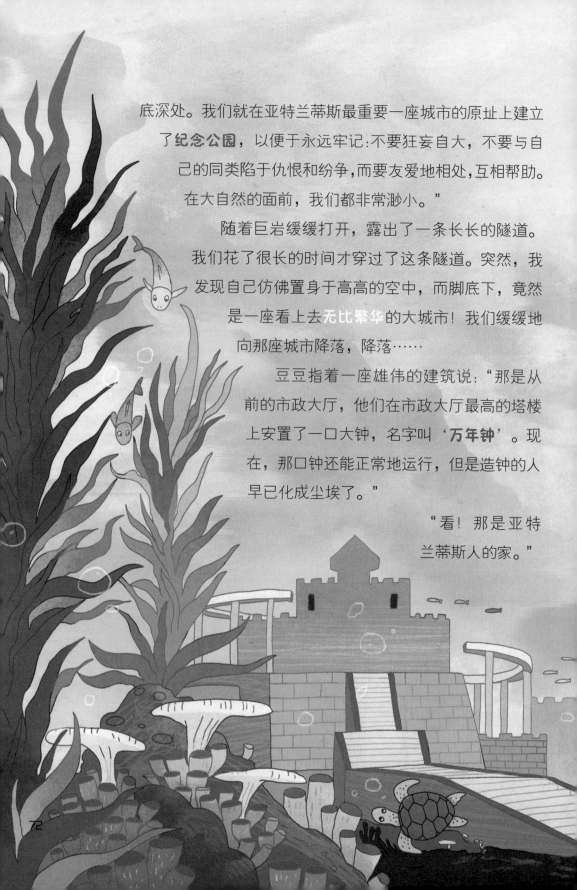

底深处。我们就在亚特兰蒂斯最重要一座城市的原址上建立了**纪念公园**，以便于永远牢记:不要狂妄自大，不要与自己的同类陷于仇恨和纷争，而要友爱地相处，互相帮助。在大自然的面前，我们都非常渺小。"

随着巨岩缓缓打开，露出了一条长长的隧道。我们花了很长的时间才穿过了这条隧道。突然，我发现自己仿佛置身于高高的空中，而脚底下，竟然是一座看上去无比繁华的大城市！我们缓缓地向那座城市降落，降落……

豆豆指着一座雄伟的建筑说:"那是从前的市政大厅，他们在市政大厅最高的塔楼上安置了一口大钟，名字叫'**万年钟**'。现在，那口钟还能正常地运行，但是造钟的人早已化成尘埃了。"

"看！那是亚特兰蒂斯人的家。"

豆豆带着我们来到一幢房子的外面，透过窗户往里看。房子里看上去很干净，东西也都完好、整齐地摆放着，好像主人只是暂时出门去了，而不是永远地消失了。

我们从窗户进到房子里，来到一架奇怪的、长着长长手臂的机器前面。豆豆介绍说："这是机器仆人。它为亚特兰蒂斯人做家务，能干各种各样的事情。亚特兰蒂斯人的生活很悠闲，不必自己动手劳动。那边那个是教育孩子的机器人，它能通过特殊的电波，将一些知识直接输入孩子的大脑里。"

我们惊呆了，我不禁喊道："真是太酷了，他们竟然可以用这种方式轻易地获得知

识，他们真是太
聪明了！"

"不，没有用的！"豆
豆却说道，"这种机器人常常
会出错。生命远比我们想象的复杂得多，
它总是在变化，每个个体又都不同。即使这些教
育机器人从不出错，它们也不具有决定性的意义。
这些强行灌输进去的知识并不能使一个人真正变聪明，
这只是一种简单的知识复制。简单地说，它们就像是假肢一
般，根本不能够和自身的手脚相提并论。就像你们人类的一位哲学家叔
本华所说，'没有经思考转化的知识，就跟假肢一样是无用的'。"

我们一边往前走，豆豆一边说："在远古时代，亚特兰蒂斯人曾经
勤劳且勇敢，他们一步步地创建了自己的幸福生活。但是，过度的私
欲在他们身上蔓延，内部矛盾不断发生。他们的文明，从一开始就背

离了通向真正幸
福所应有的轨道，使他们的很多
努力都**化为泡影**。"

"后来，他们的科技高度发达了，
他们又认为，应该是时候让自己摆脱
劳动的负担了，于是制造出了许多让
他们可以悠闲过日子的机器人。虽然
人都有惰性，但劳动是人类社会生存
和发展的基础。世界上根本没有**一劳
永逸**的事。人类必须永远保持努力，
才有机会创造自己的一片小天地。慢
慢地，亚特兰蒂斯人变得狂妄自大，
就像远古时人们自以为地球是宇宙
的中心一样。他们开始认为自己无
所不能，甚至认为整个宇宙都可以
为他们而改变。"

"盲目自信使他们做了许多违

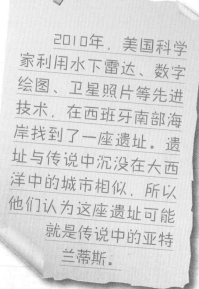

2010年，美国科学
家利用水下雷达、数字
绘图、卫星照片等先进
技术，在西班牙南部海
岸找到了一座遗址。遗
址与传说中沉没在大西
洋中的城市相似，所以
他们认为这座遗址可能
就是传说中的亚特
兰蒂斯。

背自然的事，不断地破坏环境。

瞧那座高塔，那是当初亚特兰蒂斯人的探险队的集结地，是他们浩浩荡荡地向宇宙进发的出发地点。他们认为能在宇宙中找到一片新大陆，找到一些低等民族，利用这些民族来进一步保障他们千秋万代的基业。这些探险队出发后再也没有回来过，倒是他们的王国，在一次自然环境的剧变中，骤然沉入海底，被海水吞没了。他们并不是无辜的，因为那次剧烈的地震、海啸和地壳变化，

某种程度上正是他们研发的威

力巨大的杀伤性武器所间接导致的。"

　　豆豆一边讲，一边带着我们在这座幽灵一般沉

寂的城市中转来转去。我们参观了他们的武器库、军营、牢房、工厂、

科学研发馆、富人的豪宅……

　　我和杰克的心情都变得沉重起来，甚至在我们离开那里后，内心

也久久不能平静。

海洋奥林匹克运动会

　　"我们一起去参加一场热闹的盛会吧！"豆豆微笑着说，"今天是海洋奥林匹克运动会开幕的日子！"

　　"海洋奥林匹克运动会？大海里竟然也有奥运会吗？"

　　"是的，我们一起去看看吧！不过今天是奥运会开幕式，没有正式的比赛。"

　　我们跟着豆豆，来到一块光滑的巨型岩石前，它位于一道海岭的

半山腰上。

这里的观众都

是各种各样的海

洋生物，它们不知何时

聚集到了这里，全都抬头望着半空中（我几乎忘了我是在海里）望不

到那巨大的舞台。

这个时候，12条形似燕子的漂亮的小鱼从一侧跳着舞游进舞台中央。它们的背鳍很长，像是燕子张开的双翼；鱼鳞上的色彩也十分鲜艳，像是画家调好色彩后画上去的。豆豆介绍说："这是来自亚马孙河一带的**神仙鱼**。"

神仙鱼退场后，孔雀鱼和蝴蝶鱼亮相了。它们也表演了非常精彩的舞蹈。在这之后，一排长着"翅膀"的鱼缓缓地游了出来。它们的胸鳍又长又大，远远看去就跟翅膀一样。突然，它们齐整地甩动尾巴，

然后像一排离弦的箭一般飞出了水面。接着，它们张开了那对"翅膀"，像小鸟一般飞快地向前滑翔，一连滑出将近 200 米的距离，才落回水中。最后，它们在水里往前游出一段距离后，又整齐地一跃而起，昂首挺胸地向前"飞"去。

"我知道，它们是鱼！"杰克喊道，"我从前遇到过，曾经有只飞鱼跃出海面后，没看准方向，不小心落到了我们的甲板上。"

"是啊，因为飞鱼可不像鸟儿，真的能够靠'翅膀'飞翔，只不过它们的尾部特别健壮，能够从水中跳起来，

　　飞鱼是一种非常奇特的鱼，胸鳍异常发达，看上去就像长了翅膀一样。当敌人快抓住它们的时候，它们会跃出水面"展翅飞翔"，但其实只是一种滑翔。然而，其实空中也不安全，有时军舰鸟会在空中窥伺着它们。

然后在空中利用宽大的**胸鳍**来滑翔而已。所以它们有时候会不小心落到危险的地方，成为别人的猎物。"豆豆解释。

飞鱼们的表演结束后，周围突然暗了下来。一阵缓和、美妙的歌声传入我们的耳中，所有的鱼儿都举起胸鳍，似乎是在祈祷。突然，黑暗中，一颗"星星"亮了起来，接下来是两颗、四颗、八颗……越来越多，"星星"的光芒有的是红色的，有的是绿色的，有的是蓝色的，它们组成了十分漂亮的形状，在歌声和音乐的映衬下，显得庄严又神圣。

"真神奇，这些鱼儿竟然会发光，我刚才还以为是星星呢！"杰克一脸不可思议的表情。

鱼类之所以会发光，有的是因为身体上有会发光的发光细菌，有的是因为其身体里有会发光器官，但是不管怎样，其原理都是由于萤光素在一种特殊酶的催化作用下发生氧化反应而发出光来的，是一种生化反应。发光可以帮助它们诱捕猎物、迷惑敌人、寻找配偶等。

"海中很多鱼会发光啊，比如鮟鱇、烛光鱼、灯眼鱼……深海里几乎没有阳光，因此它们只好自己发光了。"豆豆笑着说。

没过多久，开幕式的表演结束了。

飞鱼大战

一大早，豆豆就非常兴奋地叫醒了我们："快！快！今天有非常精彩的'飞鱼大战'，我们千万不能错过呀！"接着，它便拉着仍睡眼惺忪的我和杰克来到昨天的观众席上。

"什么是'飞鱼大战'啊？难道那些飞鱼要打仗吗？"杰克问。

"当然不是啦！我说的是鱼类的游泳比赛，跟你们陆地上的百米赛跑很像。不过，我们比赛的距离更远一些，速度也比你们陆地上的生物快得多了！你们人类中跑得最快的那些运动员，在100米的范围内，也只能跑出30千米左右的时速，这个速度大约只有猎豹最高时速的三分之一。我们海中的鱼儿游起来，可比**猎豹**还要快得多！"

说到这儿，选手们出场了。第一位出场的选手是个大家伙，它好像——如果它也能站起来的话——比我还高一点。

"**金枪鱼**！金枪鱼！"观众们大声喊。

金枪鱼的品种很多，大多数体型都很巨大，其中最大的蓝鳍金枪鱼体重可达900千克。金枪鱼游泳非常快，平均时速可达60～80千米，瞬间的时速更是可以达到160千米。由于速度快，且不在固定的海域活动，常出现在印度洋、太平洋和大西洋，因此又被叫作"无国界的鱼"。

第二位出场的选手比金枪鱼要大一点，不过它的样貌十分古怪，上唇又尖又细，几乎有它身体其余部分的一半长，一看就是一个凶险的家伙呢！

"这是**箭鱼**！箭鱼可是非常凶猛的捕食者，被它唇上的那把'利箭'扎中，可就惨了，它们甚至连鲸都敢攻击！"豆豆叫道。

"我知道，它们飞快地跃出海面的时候，那种速度能把轮船的船体扎一个洞！"杰克说。

这个时候，观

众又喊了起来："旗鱼！旗鱼！旗鱼！"第三位选手出场了，旗鱼也长着尖细的鱼吻，只是比箭鱼的短一些，它的尾部像一把剪刀。

随着裁判的一声哨响，三位选手几乎在同一时刻像离弦之箭向前游去。外表凶悍的箭鱼一马当先，甩开了金枪鱼和旗鱼半个身位，但很快旗鱼就赶了上来。旗鱼看上去是个经验十足的选手，只见它敏捷而又从容地瞬间反超了箭鱼，夺走了领先的位置。

突然，一道闪电般的身影从它身旁掠过。原来是金枪鱼，它一点也不甘落后，毕竟它是能够进行几千千米迁徙之旅的鱼类啊！

就这样，三位竞争者你赶我，我超你，斗得难分难解。观众们的情绪高涨，疯狂地为它们欢呼着。最后，嘈杂的欢呼声统一都变成了"旗鱼！旗鱼！旗鱼！"的呐喊。

旗鱼夺得了"飞鱼大战"的冠军！

旗鱼也叫芭蕉鱼，是短距离游泳最快的鱼，最高时速约110千米。它游泳的时候，会放下背鳍，以减少阻力，同时利用长剑般的吻部预先把水向两旁分开，接着迅速地摆动坚实有力的尾部，游起来可轻而易举地赶超世界上最快的赛艇。

抹香鲸大战大王乌贼

豆豆带着我们继续观看海洋运动会，今天进行的比赛是:抹香鲸大战大王乌贼。

听豆豆提到这个比赛项目时，我又不禁大吃一惊: "乌贼怎么可能是抹香鲸的对手啊? 抹香鲸怎么说也是鲸啊，在体型上就比乌贼大很多!"

豆豆却说:"你太小看乌贼了，乌贼的种类很多，小的能放在鱼缸里养，大的能接近 10 米长呢! 乌贼的力气也不小，它长着 10 条触腕，

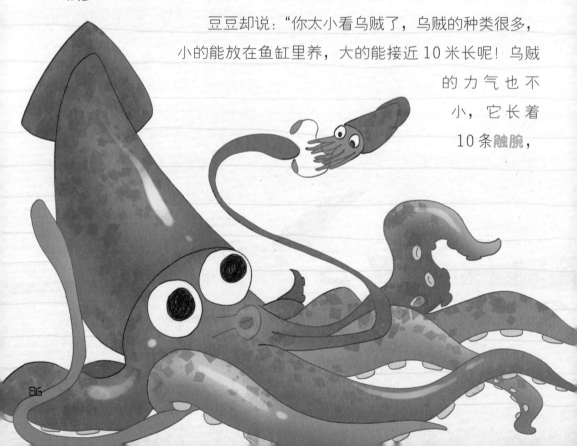

每条触腕上都分布着十分有力的吸盘，能轻而易举地将猎物缠住，送到自己的嘴边。"

杰克说："而且它们非常聪明，非常狡猾。你记得我跟你提过章鱼会伪装和变色的事了吗？乌贼同样也是**伪装的高手**！看，它们来了！"

抹香鲸擅长潜水，是所有鲸类中潜水时间最长和潜水深度最深的，因而又得名"潜水冠军"。它和大王乌贼经常发生打斗，因为它们时常会争夺虾、蟹和三文鱼等食物，而且抹香鲸也很喜欢以大王乌贼为食。

抹香鲸

我们抬头望去，那条大王乌贼的块头真大，身长足足有 5 米多，它那四处舞动的触腕在水中幽灵般地漂浮着，让人**不寒而栗**。但是，比起它的对手来，它还是显得十分苗条的，抹香鲸的身长几乎是它的 4 倍。只见抹香鲸抖了抖结实有力的身躯，张开大嘴，露出它那仅长在下颌的尖利可怕的牙齿，似乎在向对手示威。

战斗开始了，抹香鲸张嘴就向大王乌贼的头部咬去，大王乌贼迅速地一跃而起，躲过了这进攻。接着，它挥起触腕，像鞭子一样一连重重地扫在抹香鲸的背上。不过抹香鲸似乎一点也不在意，继续张大了嘴，再次猛地扑向对手。大王乌贼的击打虽然让它疼痛难忍，但还远不至于致命。但是，大王乌贼要是被抹香鲸一口咬中，可就**一命呜呼**了。

眼看大王乌贼已经无处可躲，抹香鲸几乎就要咬到它了。突然，它对准抹香鲸的头部，喷出一团乌黑的墨汁。趁着抹香鲸的视线被挡住的一刹那，它赶紧退到抹香鲸的身后。

抹香鲸在墨汁中痛苦地挣扎了一下，迅速地调整状态，回转身子，愤怒无比地再次向大王乌贼扑了过去。大王乌贼一连朝它喷出了好几次墨汁，然后缩到一块巨型岩石后。说也奇怪，它好像瞬间融化了一样，一到巨

乌贼又叫墨斗鱼或墨鱼，属于软体动物，世界上约有350种。其中，大王乌贼是目前已知的第二大型软体动物。一般情况下，大王乌贼长6～14米，最长可达21米，甚至更长，体重2000千克。作为乌贼的一种，当遇到强敌的时候，它们也会凭借着"喷墨"来逃生，但更多的是和敌人进行搏斗。主要分布于北大西洋和北太平洋的深海地区。

型岩石后就消失不见了。抹香鲸像被蒙住眼睛，胡乱地游着，等它摆脱掉那团墨汁的时候，已经找不到大王乌贼在哪里了。

　　抹香鲸耐心地在周围寻找着。突然，大王乌贼不知道又从哪里扑了出来，展开触腕紧紧地勒住抹香鲸，还堵住了它的眼睛和鼻孔，任凭抹香鲸怎么挣扎，都无法摆脱大王乌贼。看着抹香鲸痛苦的样子，我忍不住大叫道："加油啊，抹香鲸！"

只是一场梦

"加油啊，抹香鲸……"

"小贝尔！小贝尔！你怎么了？做梦了吗？"一个熟悉而又亲切的声音在耳边响起，紧跟着是一阵喧闹的声响。

"爸爸！"我睁开眼睛。

"你在说什么？什么'抹香鲸'？"爸爸笑着问。

"抹香鲸……正在跟……大王乌贼决斗呢！它们正打得**不可开交**，不知道谁会赢呢……对了，杰克呢？杰克在哪？还有豆豆呢？"我还是迷迷糊糊的。

"杰克看你睡得正香，就没有吵醒你，先上岸去

了。"爸爸微笑着说，"小贝尔，你睡迷糊了吧？豆豆是谁啊？"

"豆豆是一只海豚，它带我们去参观了海底世界！"

"呵呵，你可能太累了，做了一个好长的梦吧？"

"啊……"

我靠在爸爸的手臂上，任思绪**畅游在茫茫大海中**。沉没的亚特兰蒂斯古城、海洋奥林匹克运动会、飞鱼大战，还有那场惊心动魄的决斗……慢慢又浮现在了脑海里。当然，让我记忆最深的，还是我们的好朋友——豆豆。

"爸爸，海豚是不是一种非常聪明的动物？"

"没错，它们可能是地球上除人类以外最聪明的物种了。至少现在，人们都这么认为。"爸爸回答我。

"每一只海豚都有自己的名字吗？"

"很有可能。它们很聪明，甚至能学习一些简单的人类语言。它们和蝙蝠一样善于依靠**超声波**来判断周围的环境，那是一种我们听不见的

声音。它们很
可能都有自己的名字，因为它们能和同类自由地交流。"

"爸爸，亚特兰蒂斯真的存在吗？"

"没有人知道，
那可能只是一个传说。不
过，有一种与我们相似，或比我
们更发达的文明曾经存在过，或以后会出现，
这都是有可能的。"

"我梦见了一只会说话的、名字叫'豆
豆'的海豚，它带着我和杰克一块到海底
去玩，参观一座沉没的城市，还有观
看了海底的'奥林匹克运动会'。"

"那可真是个有趣的梦！"

"我觉得它们都好像是真实
的，我想我比以前更加了解海洋，

也更加喜欢海洋了。我
要把梦里经历的事情都
写下来，让大家都更了解
海洋、更**珍惜海洋**！"

"那很好啊，我希望可以尽快看
到你的大作呢！"爸爸微笑着说。

一想到就要和汉森船长，还有杰克告别了，我的心
里非常舍不得。不过，杰克送给我的项链还挂在我的脖子上，这象征
着我们的友谊，我会好好地保存它！

再见了！美丽的大西洋！

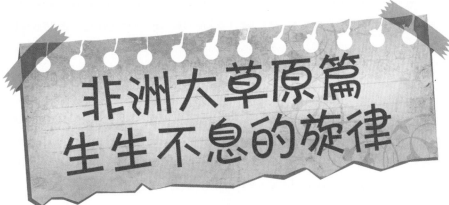

非洲大草原篇
生生不息的旋律

梦中的非洲

终于就要和爸爸到神秘的非洲去**探险**了。

很早以前，我就开始期盼这次旅行，我还向小新、妮妮和其他的小朋友说了我要到非洲去探险的事情。他们很羡慕我能有机会去非洲探险。妮妮说："非洲好像离我们住的地方很远很远，那里有许多动

物，有长颈鹿、斑马、河马，就像《动物世界》里面讲的那样。"小新说："那里到处都是沙漠，肯定很热。"其他小朋友认为，非洲是一个有很多黑人的地方。

今天一大早，我们带了很多很多行李去了机场。叔叔、伯伯还带了一些我从来都没有见过的**稀奇古怪**的器材。登上飞机的那一刻我很兴奋，因为我们的非洲之旅终于开始了。

坐在飞机上很无聊，我只好看看外面的风景。刚开始还好，下面的房屋变得越来越小，什么都小小的，我觉得很有意思。可是当飞机飞入云层之后，就只有一朵朵的云在眼前飘过去，就再也勾不起我的兴趣了。

坐在我身旁的阿姨不是第一次去非洲了，她是一名经验丰富的**探险队员**。她告诉我非洲有种类繁多的野生动物，也有一些珍稀的植物物种。但是随着当地人对树木的砍伐，对珍稀动物的滥杀，现在非洲的生态环境正在不断恶化。在非洲要注意很多事情，不仅仅要警惕动物的袭击，还要注意防止疾病的传播，因为在非洲有一些我们在中国不了解的疾病，所以到了那里以后要注意饮食卫生。

一位叔叔告诉我，非洲有平原，有高山，有很茂密的原始森林，还有很丰富的矿产资源。非洲大部分地区白天炎热，可是到了夜晚温度又会很低。非洲也有很多可爱的小伙伴，但是他们许多人现在都还吃不饱，能有机会读书的人则更少。

听着他们讲述着非洲的种种，我渐渐进入了梦乡。在梦里，我看到了**荆棘丛生**的原始森林，看到了**一望无际**的大草原，看到了草原上的豹、羚羊、斑马。我变成了一只鸟，自由自在地**翱翔**在非洲的上空，看着可爱又凶猛的动物在草原上飞奔。之后，我来到了原始丛林，在那里，我看见浅浅的河里有几条**鳄鱼**，它们正懒懒地趴着。当我从它们身边飞过时，它们睁着眼睛瞪着我。

正当我**优哉游哉**地享受着眼前的美景时，突然出现了一头

凶悍的**猛雕**，它快速地扇动着强而有力的翅膀，在我身后追赶着我。我耗尽了全身力气拼命飞，可是不管怎么飞，就是飞不快……我哭着喊："爸爸，爸爸，你在哪里？"紧接着，我感觉到一阵摇晃，被惊醒了。爸爸笑嘻嘻地看着我，问我梦到什么了。我回答："梦到非洲了。"爸爸听完后，哈哈大笑。

爸爸又问我："你觉得非洲应该是什么样的呢？"我想了想，就把刚才梦中的非洲向爸爸描述了一番，同时把朋友们眼中的非洲也告诉了爸爸。爸爸只说了一句话："真正的非洲需要你自己去发现，去了解。"

旁边的一位叔叔拿着一个东西在我面前晃了晃，说道："你还需要这个帮助你观察和了解非洲。"

我很好奇，这到底是什么呢？是照相机吗？可它和我的照相机相差也太大了吧！叔叔笑呵呵地说，明天再给我仔细讲讲这个奇怪的东西。我很期待明天！

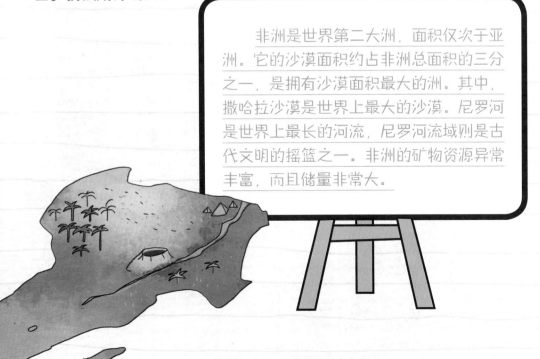

非洲是世界第二大洲，面积仅次于亚洲。它的沙漠面积约占非洲总面积的三分之一，是拥有沙漠面积最大的洲。其中，撒哈拉沙漠是世界上最大的沙漠。尼罗河是世界上最长的河流，尼罗河流域则是古代文明的摇篮之一。非洲的矿物资源异常丰富，而且储量非常大。

10月9日　星期二　晴

摄制组叔叔的"怪家伙"

　　在飞机上，时间似乎过得好慢好慢。窗外的景物也总是**一成不变**，要么是一大片一大片的空地，要么就是一望无际蓝蓝的海洋。我真想快点儿下飞机。

　　爸爸见我无聊，就问我记不记得昨天带着"怪家伙"的那位叔叔，我点了点头。

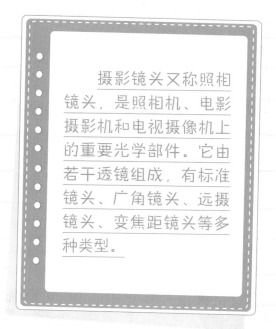

摄影镜头又称照相镜头，是照相机、电影摄影机和电视摄像机上的重要光学部件。它由若干透镜组成，有标准镜头、广角镜头、远摄镜头、变焦距镜头等多种类型。

于是爸爸便让我去找那位叔叔聊天，说这样可以增长我的见识。我照着爸爸说的去找那位叔叔了。

找到叔叔的时候，他正在擦拭一个东西。"哇！这是什么？就像一个小炮筒。"我兴奋地喊道。

"你说得没错，这就是小炮筒。"叔叔一边擦拭，一边微笑着回答我，"在摄影界，这个俗称'小炮筒'。它属于远摄**变焦镜头**，适合拍摄野生动物以及远处的物体。"

"就是可以拍摄很远很远的物体，这个我知道。"我一脸自信地说道。但转念一想，《动物世界》里面的动物，还有离我们那么远的太阳，难道都是用这个怪家伙拍摄的？

叔叔见我满脸疑惑，便给我讲解了一些摄影知识。我这才知道，原来这里面还有这么多的讲究。

叔叔讲解的时候一直**眉飞色舞**的，好像这个怪家伙是他的宝贝一样，而我也被他**绘声绘色**的描述深深地吸引了。叔叔说，

光靠这个怪家伙是不可能完整地记录非洲探险历程的，还需要掌握一些摄影的小窍门，例如如何隐藏摄像机，如何把自己隐藏在动物群中进行拍摄等。而且有时候为了拍摄一个动物群体，他们可能要跟拍2~3个月；有时候为了记录动物的生活习惯，他们会长期待在原始森林里，甚至几个月都不能洗澡。所以，拥有强壮的身体和坚韧的毅力也是非常重要的。

"哇！几个月不洗澡，那不是变成原始人了。好脏呀！"我啧啧地说道，同时情不自禁地感慨。可叔叔说，拍摄动物其实很有趣，再辛苦也是值得的。那一瞬间，我突然觉得叔叔真伟大。我在心里暗暗想，等自己长大

隐藏摄像机是把摄像机伪装成趋近于周围环境的东西，这样动物就不会注意到摄像机。这样拍摄出来的影像，更加真实动人。

了，也要像他一样穿梭于不同的地方，拍摄有趣的东西，让别人看到美好的事物。

后来，叔叔给我看了一段视频。视频的前半段一直是一片森林，像照片一样，我上眼皮都在和下眼皮打架了。突然，视频里出现了一张动物的脸，吓了我一跳，我赶紧抱着叔叔的手臂。接着，只见这只动物小心翼翼地用爪子刨动镜头，一次又一次。真是太可爱了！

原来这只小动物的名字叫**浣熊**，它把摄像机镜头当成了玩具，这种情况在摄影过程中经常出现。叔叔还告诉我，为了方便摄影，有时候他们还会伪装成某一种动物，然后躲藏到该动物群中，不过这样做很危险。有一次，一个大哥哥把自己**伪装**成鳄鱼，和鳄鱼群待在一起，后来被一个"同类"追逐，差一点就命丧鳄鱼口中了。

哇！多么惊心动魄的故事！我一定要快快长大，然后当一名优秀的野外摄影师。我也有一个小照相机，是姑姑在我生日的时候送给我的礼物，小巧又方便。我很喜欢带着它拍摄生活照片。嘿嘿，这次我一定要拍很多很多照片，与同学和朋友们一起分享非洲之旅中的精彩瞬间。

非洲，我来啦！

快要煮熟的非洲

睡梦中，我被一声巨响惊醒了。

原来是飞机着陆的声音。哇！我们终于抵达非洲了。我赶紧背上包，和爸爸还有叔叔阿姨们一起走出机舱。

真是蔚为壮观！只见一大群人正很有节奏地敲着鼓，他们皮肤黑黑的，脸上涂满了颜料。爸爸说这是当地人在敲非洲鼓，这是他们表示欢迎我们的特有方式。真是热情好客的非洲人！

难道是他们的热情让我感觉这么热？嘿嘿，当然不是。导游叔叔说这里常年都很炎热。

不过我

全球气候变暖指在一段时间中，地球大气和海洋因温室效应而造成温度上升的气候变化现象。主要原因是人类在近1个世纪，大量使用矿物燃料，排放了大量温室气体，包括二氧化碳、氯氟碳化合物、臭氧、甲烷等，其中最主要的是二氧化碳。

还是不明白，北京这个时候可是非常凉爽的，为什么这里却如此炎热呢？

"因为我们处在**地球**的不同地带！"旁边的叔叔笑嘻嘻地说，"北京和这里分别处在地球的不同地带，这里在赤道附近。"

赤道，我是知道的。在课堂上，我听老师讲过，全球最热的地方就是赤道附近。

我悄悄问爸爸为什么导游叔叔和这里的人皮肤都是黑黑的，是不是因为太阳光照太强烈了，所以他们就被晒得那么黑。爸爸看我调皮捣蛋的样子，拍了拍我的头，然后告诉我世界上的人有不同的肤色，如黑色、黄色、白色等，这里的人就属于**黑色人种**。

一路上，我看见路两边很多土地都**干裂**了，觉得很奇怪，怎么干涸得这么厉害？一道道深深的裂痕，触目惊心。

"是因为地震才变成这样的吗？"我回头问导游叔叔。只见他的眼睛里带着一种**难以名状**的哀伤，茫然地看着远处，很久之后才回答我："不是的。是因为全球变暖加剧，所以越来越多的土地干裂了，一年更甚一年。"

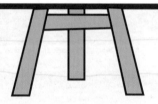

尼罗河是世界第一长河，全长约6671千米，发源于东非高原，自南向北注入地中海，流经许多国家，是一条国际性河流。尼罗河流经的地方，沃野千里，形成了一条长长的"绿色走廊"，哺育了一代又一代非洲人。埃及人更是称之为"生命之母"。

好可怕！那么深的裂痕。我又问叔叔，这些土地上是不是就不能耕种了。叔叔说，基本不可能种植农作物了。这里的人常常吃不饱，他们常年都在忍受着饥饿的煎熬。

"他们好可怜，一直都在挨饿。"我抢过话说道。

叔叔还告诉我，非洲原本就比较干旱，水资源也很少。幸好有**尼罗河**，如果人们沿着这条河居住，也还是可以维持生活的。但是由于受全球气候变暖的影响，河流流量越来越小，土壤也越来越干，肥沃的土地越来越少了。

我怎么没有看到原始森林，还有那条河流呢？导游叔叔说还需要走很远的路才能看到，不过在这里还是可以看到一些动物的。听到叔叔这样说，我急忙望向远处。

"啊！我看到斑马了，是斑马！好漂亮，它在悠闲地吃草呢。哈哈，还有长颈鹿，看到了吗？爸爸，是长颈鹿！"我赶紧拿出照相

　　机，不管爸爸回不回答我，也不管他有没有看到，我一口气拍了很多照片。

　　拍累了，我就问爸爸："爸爸，你看到了吧，好多的动物！它们都不怕我们，那我是不是可以和它们一起玩？"可是爸爸说，我必须在导游**指导**下才能去接触这些动物，不然，如果激怒了它们，即使很**温驯**的动物也很危险。

　　当我们抵达营地，已经是日落时分。远处的太阳就像一个红红的饼，慢慢地落向地面，最后消失不见了，我突然想念北京的秋天了。这时候，北京的枫叶应该已经红了。

　　吃过晚饭，简单地洗漱以后，我们就睡了。明天，真正的非洲探险旅行就要开始了。

10月11日　星期四　晴

非洲的村落

今天一大早，我就和爸爸一起去了当地的民俗文化村。爸爸说民俗文化村里保留了非洲最古老的部落**村寨**。

一下车，我就看见一个有点像门

的东西，上面画了很多显眼的图案，有方的，也有圆的。图案色彩丰富，花花绿绿的，有深红的土地的颜色，还有蓝蓝的天空的颜色。导游叔叔说，这就是门，图案象征了土地和蓝天。

　　进了大门，我看到了同样花花绿绿的房子，像帽子一样遮雨用的屋顶是用草做成的。我很好奇，这样的屋顶下雨天不是很容易漏雨吗？当我把这个想法说出来的时候，导游叔叔哈哈大笑。他说："这里没有那么多雨水，就算下雨，因为那些草编织得相当密实，房子是不会漏雨的。"

蜂巢屋是一种圆弧形的，外观酷似蜂巢的房子。蜂巢屋在世界很多地方都有，不过使用的材质有所不同，爱尔兰的蜂巢屋用的是大小不一的天然石块，而非洲的蜂巢屋则是用茅草和绳索编绑而成的。

　　在民俗文化村里，居住着四个不同民族的人，他们的房子各有特色。这些房子通通都有一个很奇特的名字——**"蜂巢屋"**，就是之前我觉得会漏雨的那种房子。走进里面一瞧，哇，真的是很炫酷：环形的内部空间，地上铺着一块牛皮，墙上挂着手工制作的装饰品，还有大大小小的罐子很有特色。

　　"那是什么？好像是面具！还有象牙！"我叫爸爸看，"这是整个象头骨。"看我一惊一乍的，爸爸让我保持安静，并告诉我那是一种象征，拥有象头骨说明房子的主人地位很高。我觉得太残忍了，怎么忍心把大象猎杀了，然后做成这种东西呢！可爸爸说，这只是非洲古老的习俗，现在并不多见，我们应该学会**尊重**不同民族的风俗。

　　走出房子，我们还参观了会议厅，就是整个部落的人开会商量事情的地方。我发现他们不仅仅把面具当作装饰品，还把木头做成人偶挂在墙上。那里有好多好多**奇形怪状**的面具，而且大多在我看来都很恐怖，现在想起来我都会不寒而栗。

　　"咚咚咚"，随着有节奏的鼓声，当地人为我们表演了欢庆的舞蹈。导游叔叔说那是庆祝丰收的舞蹈。

　　有一个人戴着看起来十分恐怖的面具，穿着很大很长的裙子在场地中央跳着舞，周围的人也随着鼓点和他一

起跳舞。他们的头左右摇摆，像不倒翁，身子随着鼓点扭动，边唱边跳，好不快活。一会儿，他们又排成一排，随着音乐起舞，口中还念念有词。其中还有几个小孩子，似乎比我还小呢，也在队伍里又唱又跳的。他们好像天生就会跳舞，跳得可好了。

接近尾声的时候，那几个小孩子跑过来拉着我的手。我一开始吓了一跳，急忙往爸爸身后躲。爸爸说这是他们在邀请我一起跳舞，一起欢乐。我想现在我可是代表着中国小朋友，应该一起**载歌载舞**传递友谊的。于是，就加入到他们的队伍中，左三圈，右三圈，脖子扭扭，屁股扭扭，大家一起跳啊唱啊。

离开村落的时候，我依依不舍的，真想继续和他们一起跳下去……

10月12日　星期五　晴

我在森林中的"家"

经过几天的**舟车劳顿**，途经无数小村落，我们终于在下午晚些时候到了下榻的酒店。导游叔叔说酒店在自然保护区里面，旁边就是森林，这可是很棒也很少有的野外酒店。

"那我们就是住在森林里面了？真是太帅

马赛马拉国家野生动物保护区是世界上最完善的野生动物保护区之一，建立于1961年，面积约有1800平方千米。保护区内约有95种哺乳动物和450种鸟类，是动物最集中、多姿多彩的栖息地。

了！"我欢呼着，急急忙忙跑向房间的露台。

站在露台望向远处，可以看到一群群的动物正在草原上奔跑。虽然有很多动物我都叫不出名字，但它们让人目眩的各种奔跑姿态，着实深深吸引了我。

真是棒极了！我们**置身**于丛林，周围的树木郁郁葱葱，动物们自得其乐……我觉得自己真是置身于大诗人陶渊明所描述的**世外桃源**里了。这是多么美妙的一件事啊！回去之后我一定要和小伙伴们说说，让他们一同感受这神奇的经历。

不过，我倒是有点担心它们会跑到我们这里来。旁边的导游叔叔说不会的。他说大自然的生物都是很有灵性的，它们知道怎么和我们人类和谐共处，何况这个酒店也有相关的**安保措施**。

没过一会儿，我还没有欣赏够呢，爸爸就叫我进房间整理东西了。房间是一个大大的白色帐篷，里面有两张简单的木床，上面挂着厚厚的蚊帐，下面有颜色鲜艳的非洲地毯，柜子也很有非洲特色。这就是我们的"森林之家"了。爸爸说我们会在这里停留几天，借着这个机会考察当地的环境。

所有的东西都整理好了，我又和爸爸一起

来到露台，观赏夕阳下的大草原。

"我看到了，我看到河马了！"我兴奋地喊着。远处，一群河马正在河边懒洋洋地休息。

"那边，爸爸，你看到没有？那里有一群羚羊！"我激动地拉着爸爸的手。不好，那里有一只豹子，不过看它步伐优雅从容的样子，我悬着的心安然落下了。借着夕阳的**余晖**，它身上的毛闪烁着金黄金黄的光芒，非常迷人。我想起了在我家后花园散步的那只猫，这只豹子和它一样，漂亮而且无害。

爸爸并不同意我的观点。他说这只是刚开始，等到有猎物进入了它的攻击范围，它就会变得凶猛而残忍了。突然，那只美丽的金色豹子好像受了什么刺激似的，飞快地在草原上奔跑起来。啊！好快呀，看起来比汽车跑得还快！

应了爸爸说过的话，它正朝着前面的一只羚羊冲去。说时迟那时快，只见它一口就咬住了羚羊

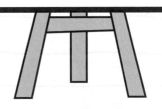

在非洲，由于人类的不断侵占，草原、湖泊和山地等野生动物的栖息地日益缩小；再加上人类不停地猎杀，有的动物即将灭绝。但是也有动物依然顽强地生存、繁衍着，其中著名的当属"非洲五霸"，即豹、狮子、非洲象、黑犀牛和非洲水牛。

的脖子。刹那间，那只可怜的羚羊已经成了豹子的晚餐。

好震惊！豹子奔跑起来居然那么快，"嗖"的一下，就猎捕住了那只可怜的羚羊。好残忍！我还在震惊的时候，它已经开始享用它的美食了。它怎么可以吃掉那么可爱的羚羊呢？为什么它不去猎捕河马，或旁边的大象呢？

爸爸告诉我，非洲有五霸——豹、狮子、非洲象、黑犀牛、非洲水牛。这五种动物是这片土地的强者，它们不会轻易去骚扰其他强者。动物界的生存法则就是这样，只有强者才能存活下来。

哦，我懂了！动物也非常聪明，当它们觉得彼此间实力**旗鼓相当**时，一般情况下就不会互相攻击。

在我们离开露台准备去吃晚饭的时候，爸爸告诉我，明天我可以坐车去草原上和动物们"亲密接触"！不过也不能太亲密，毕竟这些动物还是有点危险的，即便如此，我依然很期待！

丛林 烧烤 之旅

今天一大早，爸爸就提醒我一定要听导游的话，因为说不定会碰到很凶猛的动物，就像昨天的猎豹。不就是去酒店周围的草原嘛，爸爸真是瞎担心！

临出发的时候，我首先看到的是一辆黑色的、超级庞大的越野汽车。爸爸说这是防止动物攻击的一个重要装备，它很牢固，有了它，动物们就无法攻击我们了。

难怪，它看起来就像坦克一样，动物

们要想轻易弄翻它，恐怕很难。

我迫不及待地上了车，随后爸爸也上来了，坐在我的旁边。一切就绪，我们一行人朝着**一望无际**的草原出发了！

这里的草茂密而且很深，不像我在内蒙古大草原看到的那样，所以我们不可能下车。车子开得很缓慢，导游叔叔时不时会为我们介绍这片动物保护区的情况。

也不知道过了多长时间，我们来到了一条小溪边。我看到一群河马正在河边喝水，于是**央求**导游叔叔把车停下。但是导游叔叔**叮嘱**说，我们不能上前，只能待在车里面向河马问好。

就在这时，一只大河马突然张开了**血盆大口**。幸好距离远，我又待在车上，不然我真的会被吓晕过去。过了一会儿，看它并没有其他的动作，好像在等待着什么，我的心终于平静下来了。哪里知道，一波刚平，一波又起，有一只非常小的鸟竟然停在了河马的嘴里。

"啊！"我惊呼起来，"它会不会被河马吃掉呀？它怎么不知道危险，居然停在河马的嘴里？"

就在我为小鸟担心的时候，只见它开始非常敬业地在河马嘴里啄起来。哦！原来它是在帮河马"剔牙"。导游叔叔说，动物界有自己的规则，动物们可以和平共处，河马和小鸟便是如此。

看完了河马，我们的车继续往前开。没开多久，我又看到了刚来非洲时见过的斑马，还看到了长颈鹿和**野犬**。爸爸说这种野犬非常狡诈，一旦有人把车子停在路边，它们就会在车子周围**徘徊**。

非洲野犬也叫非洲猎犬，是一种主要生活在非洲草原、稀疏林地以及灌木丛中的犬科动物。寿命大约10年，过群体生活，一群中有一对能够繁殖的首领犬。非洲野犬已被列为非洲第二种濒危食肉动物。

爸爸说得没错，当我们把车子停下来的时候，它们就在车子周围**逛荡**了起来，但一直不敢靠近。我想自己是在"坦克车"里，这些野犬也不能把我怎么样。哼！于是，我开始对它们做起了鬼脸。

突然，**毫无征兆**地，它们跑了，跑得比兔子还快呢！我还以为它们是害怕我的鬼脸呢，伴随着一阵动物的吼叫，我这才发现车子的周围有两只猎豹。导游叔叔叫我们不要惊慌，猎豹不会把我们当成猎物的，因为它们知道我们也是这片草原的主人。

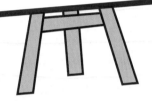

棕鬣狗主要生活在热带和亚热带的稀树草原和荒漠地带，体形似犬，体毛主要呈棕褐色。它们一般都是昼伏夜出，白天隐藏在稠密的灌木丛、较高的草丛以及岩石隙缝中休息，到了晚上才出来寻觅食物。

可是这两只猎豹，一只跑到了汽车引擎盖上面躺着，另一只用好奇的目光盯着我们。我不敢**掉以轻心**。过了好一阵，惊慌之后，我鼓足了勇气，拿出照相机对准了它们。渐渐地，我觉得它们也不是很可怕，于是我开始想象，它们之所以跑过来，说不定是为了向我们问好呢。

接下来的草原旅行中，我还看到了黑犀牛。虽然在《动物世界》里，我已经看过这些动物很多次了，但这次**身临其境**的感觉更神奇。

将近中午的时候，导游叔叔帮我们找了一块开阔地吃午饭，大家进行了一次野外烧烤。那些涂了当地特制香料的烧烤，甭提多美味了！

午餐结束后，我们继续在这片非洲草原上游览。直到黄昏时分，我们才意犹未尽地回到酒店。我觉得自己越来越喜欢非洲了！

我的非洲小伙伴

今天，我要和爸爸去非洲的乡村。爸爸说那里有我们中国为**援助**非洲人民而修建的学校。

刚走到村口，我就被眼前的景象惊呆了。墙全是用黄泥巴堆成的，而且一眼就能看出来已经很旧了。屋顶也和我在民俗村参观时看见的差不多，都是稻草屋顶。

一看到我们来了，在村口玩耍的小朋友们便追逐

着我们的汽车跑了起来。开了一段路后，车子停了下来。一位老者走上前来和我们打招呼，围观的小朋友们则好奇地上看下看。爸爸告诉我，这位老者是这个部落的**首领**。

在老者的带领下，我们来到了村子后面的一片空地上。只见他指向一栋白色的平房，并向我们表示感谢。爸爸解释说，这是我们国家为这个部落修建的一所援助学校。正是因为有了它，这里的孩子才结束了没有书读的日子。

这时，旁边的一个光着**膀子**的非洲小朋友对我说了一些我听不懂的话，还笑嘻嘻地拉着我走向平房后面的空地。"去吧，他们是在叫你和他们一起玩呢！"导游叔叔说。

我试着用中文和他们沟通："你们平时都做些什么呢？你们在什么地方玩呢？"但是他们不懂我的意思，急得我只好一边说一边比画。他们以为我是想和他们一起跳舞，于是拉着我，一边拍手一边跳起舞来，我

只好也跟着乱舞起来。

　　我们围成一圈，我学着他们的样子跟着节奏跳着。舞蹈和音乐真是全世界都通用的语言，我似乎可以感觉到他们在对我说："欢迎你，远方的客人！欢迎来到我们这里！"于是，我用微笑回应他们。

　　我还教他们跳我在云南学会的**火把舞**。真是不可思议，他们学得很快，一会儿就跟上了节奏。我不禁感慨，他们真是天生的舞蹈家！

我发现他们都戴着一条象牙项链，小小的、白白的，很漂亮。爸爸告诉我，这是他们的护身符。据说，在非洲佩戴象牙项链可以祛除疾病，保佑人身体健康，也表达了对神灵和祖先的崇敬。

和他们载歌载舞一阵后，我们一起去了教室。一个个子和我差不多高的非洲小朋友一边指着墙壁上面的图画，一边用他们的语言和我说话。我想他是在说这是他的画吧。哈哈，我很聪明吧！

告别了他们，我又和爸爸来到了一个看上去像医院的地方，原来是中国援助建造的医疗所。这里也有很多非洲小朋友，他们看上去很瘦弱，正在等待接种**疫苗**。爸爸说这里有很多的流行病，我听了心里很不好受。

"他们都好可怜，吃不饱，也没有玩具。"我对爸爸说。可爸爸说："他们虽然贫穷，但他们却没有被贫穷吓倒，依然乐观地生活着。"

是啊，我应该学习他们的这种乐观精神！

再见了，我的非洲小伙伴们！我会时常想你们的！

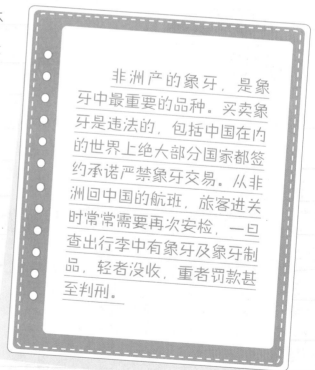

非洲产的象牙，是象牙中最重要的品种。买卖象牙是违法的，包括中国在内的世界上绝大部分国家都签约承诺严禁象牙交易。从非洲回中国的航班，旅客进关时常常需要再次安检，一旦查出行李中有象牙及象牙制品，轻者没收，重者罚款甚至判刑。

不一样的非洲婚礼

今天是一个很特别的日子，我们要参加爸爸当地一个好友的婚礼，所以我们很早就出发了。

几个小时后，我们来到了一个小村庄。远远望去，有一片像生长在土地上的小矮房。房子虽矮，比起昨天看到的房屋，却要好很多。

爸爸说，今天是婚礼的第三天，新郎已经把**聘礼**送到了新娘家，新娘也已把**嫁妆**送到了新郎家里。今天，会有一个议亲的过程，就是双方讨价还价。

啊，还要讨价还价？

怎么和我们的风俗这么不一样呀！身边的一位叔叔回答我说，居住在这里的是祖鲁人，他们的民族拥有悠久的历史。很久以前，这里的经济非常落后，双方都比较重视聘礼或嫁妆，久而久之，就形成了这种习俗。现在他们是在**遵循**古礼，是在为保留他们的古文化而努力。

哦，我懂了，原来今天我们参加的是一场传统的婚礼。

走进村子里，一个男子和爸爸热情地交谈了起来。后来我才知道，他是这场婚礼的男主角。我就说嘛，他怎么穿得那么奇怪，围了一整块豹皮。当我看见一个女子也是同样的打扮的时候，我猜她一定就是女主角了。爸爸的话证实了我的猜想。不过新娘看上去艳丽一些，她画了很浓的妆，像是用颜料涂上去的，腿上也涂了一些像是汁液的东西。

爸爸解释说，

这种服饰是他们传统的新婚礼服，也说明了这家人很富有。新娘之所以打扮得这么艳丽，是因为她希望把自己最漂亮的一面展示给大家。那些汁液是新娘家宰杀牛时获得的牛胆汁，胆汁接近心脏，代表一心一意。一场传统的婚礼竟包含了这么多的寓意！

仪式开始了，所有人围成了一个圆圈，跳着唱着，虽然曲调特别，我也不明白歌词的意思，但听起来让人有一种温馨的感觉。后来听说他们的歌舞排练了很长的时间，而他们哼唱的则是很古老的旋律。一边看着旁边的人敲打着古老的鼓，一边听着这古老的旋律，真是如同置身于古代。

这时，新娘的家人拿出很多东西摆放在场地的中央。我想这些东西应该是新娘的嫁妆吧。不过爸爸说，现在的婚礼已经不像以前了，摆放这些东西是为了遵循风俗。

紧接着，就看到新娘把其中一个柜子里面的毯子拿了出来，然后盖在了一位老爷爷身上。"那是新郎的爸爸。"导游叔叔轻轻地向我解释道。

南非祖鲁族用牛或者羊当聘礼娶媳妇，因为在南非的村落里，牛被看成财富和身份的象征。根据当地风俗，最好是用母牛当聘礼。

"快看，快看，精彩的马上要开始了。"原来是爸爸之前说过的很重要的婚礼格斗。爸爸说，这种格斗展示了当地男性的雄性美，格斗中用的矛和盾分别用当地的一种树枝和树皮制成，这表示人们对大自然的尊重。爸爸还说，现在的格斗已经不同以往了，传统的格斗需要其中一方流血才能结束，因为那是一个展示男性**威严**的机会。只见双方代表开始进行格斗，他们就像中国古时候的勇士一样。

"啊，那个人被戳中了！"于是，这场格斗以一方的胜利而结束了。接下来，轮到了新娘这方到场地中跳舞。他们每人手持一把雨伞，绕场地外围舞蹈着……

"我知道，用雨伞是怕婚礼时下雨呗！"我说道。

"不是的。这是表示新娘这方害羞。雨伞是遮掩的一种表现形式。"爸爸纠正道。

最后，新郎和新娘在场地中间一起跳舞，他们终于在一起了！

回酒店的途中，爸爸时不时地叹息，他说古老的文化要保留下去真是困难，说不定再过几年，传统的模式就会消失了！

神奇的 树顶 旅馆

　　我曾经做过一个梦，梦中自己变成一只小鸟，住在树上。想不到今天，我的梦竟然成真了。

　　人类也是可以像鸟儿一样，在树上建造一个"大窝"，住在窝里面。非洲就是这么一个神奇的地方。

爬上旋转楼梯，我才看清楚，这真的是一个在树干上建造的旅馆。它看起来像一个空中楼阁。我倒是有点担心，不过爸爸说它很坚固，让我放心住。

旅馆旁边有一个大池塘，还有专门供旅客观看动物喝水的露台。露台很大，服务人员说，如果我们想看到一些**稀有**的野生动物，到了晚上，他们会有专人负责提醒。我一阵**窃喜**，大晚上起来看动物肯定很有意思！

旅馆的大门也很奇特，我们必须爬上三层楼高的旋转楼梯才能走进这个旅馆。楼梯很窄，只能通过一个人，我总是好奇是不是我的步伐再重一些，这个旅馆就会倒塌。爸爸警告我说，虽然旅馆不会倒塌，但楼板很薄，我重重的脚步声会影响别人休息，所以最好不要有这种不礼貌的行为。

好吧，我轻轻地走还不行吗？人家只是很好奇而已嘛！

旅馆没有大厅，只有餐厅和客房，毕竟要建造这样一个树屋并非易事。听旅馆的工作人员说，这里一共有50间客房。我走进自己和爸爸住的房间，望向窗外，前方是一片辽阔的原始大草原。在眼皮子底下，我就能看到不远处的羚羊和斑马，仿佛住在动物园里似的。真新奇！

　　整理完毕后，我走出来闲逛，看见了一间很特别的房间。我正纳闷那是做什么用的，正巧，有一位工作人员经过，他告诉我那是书房。奇怪了，这里还有书房，里面究竟有些什么书呢？他回答说里面存放的书本上记录了入住的旅客在这里曾看到了哪些动物。看我还是不明白的样子，他接着向我解释："从旅馆开始营业到现在，住在这里的旅客会在这些书本上，记录和标注自己在这里观看到的动物，以及它们的各种生活习性。"

　　我去了露台，因为我想看看在那里能看到些什么动物。哇！不看不知道，一看还真吓了一跳，池塘边已经有很多动物在喝水了，有狒狒，有斑马，还有水牛。它们都是成群结队来到这里的。想不到这么容易就看到这些动物了，而且还那么近。我在想，这些动物应该不会**袭击**这个旅馆吧？

　　树顶酒店最初只是为观赏野生动物和狩猎搭建的。据说当时酒店搭建在几棵高高的大树叉上，建得比较简单，只有三间卧室、一间餐厅和一间狩猎室。经过发展，酒店如今已闻名于世。

　　我把我的想法告诉了露台上负责安保的工作人员，他们告诉我，这里晚上都会有人执勤，并且旅馆的周围有一圈铁丝网，叫我不用担心。我才不担心呢，我知道，只要我不去招惹动物，它们就不会来袭击我。

　　夜幕降临的时候，我趴在露台上面，看着远处来来往往的动物，好不**惬意**。突然，有一群庞然大物进入了我的视野。是大象！只见它们成群结队，正在夜游呢。

　　这些大象就像在自家的后花园巡视一样，到了池塘边，有的不紧不慢地喝着水，有的用鼻子吸水然后洒在同伴的身上，它们是在洗澡，还是在嬉戏？

　　后来犀牛也来了。看到犀牛来喝水，我一点也不觉得奇怪，可没人告诉我狮子也会来喝水。狮子与犀牛的相遇让我开始有点担心，不过看见它们**和平共处**，互不打扰，我的担心瞬间化成了一种淡淡的温馨。心放宽了之后，我看得更加认真和仔细了：那儿好像有一头公狮子和一头母狮子，还有一头小狮子。

　　回到房间后，我一直在回想，觉得这个树顶旅馆还真是名不虚传。下次要是还有机会来非洲，我一定还住这里，再看看下次我记录的动物有没有可能比这次再增加几种。想着想着，我渐渐进入了梦乡。

10月17日　星期三　晴

金合欢 和 猴面包树

　　听导游叔叔说，今天一天我们可能都要在汽车上度过。因为我们此行是从非洲最南边，开车到最北边去观察那里的鸟类。

　　不过我并不在意，因为在非洲，就算是平常的赶路，也不会让人感觉乏味或是无聊。这么多天的旅程告诉我，一路上美丽的风景是看也看不完的：有时候从我们面前走过的是乌龟，或是斑马，或是羚羊。总是有动物伴随在我们的旅途之中，并且带给我们乐趣。更不用说，还有那些正等着我们去发现的成千上万种神奇植物。这里可是非洲，随时会带给人惊喜的，只要你拥有一双善于发现的眼睛。

　　于是一上路，我不停地注意路边的景物，有什么新奇的、不知道的就问问爸爸。其中有一种树引起了我的注意。

在肯尼亚的草原上，金合欢的树枝上长满了空心刺，这些空心刺里居住着一群蚂蚁。它们有一个好听的名字——含羞草工蚁。含羞草工蚁在空心刺中做巢，尽情享用金合欢叶尖分泌出的甜汁。

在这里，这种树似乎到处都能够看得到，可我却不知道它的名字，提问会不会太丢脸了呢？

于是，中午**停歇**的时候我偷偷问了爸爸。爸爸说，那种树叫作**金合欢**，是草原上最平凡的树种。

我发现这种树并不是很高，可它们的树枝却很粗大，而且有很修长的枝条。虽然枝丫不多，不过用来遮阴是完全足够了。

只是它们生长的方式很奇特，要么就是一棵树**孤零零**地长在草原上，要么就是成片成片地生长。我想，它们的生命力一定是很顽强的，不然也不会在干旱的非洲草原上生存下来。爸爸肯定了我的想法，并且他告诉我，在我们国家其实也有金合欢，不过它们主要生长在祖国的南方，而且要矮小很多。

非洲有很多关于金合欢的传说。有的说，金合欢生长的地方就意味着那里有很多毒蚊，被毒蚊叮咬，人就很有可能会被传染上疟疾，并且难以医治，只能等死。有的则说，金合欢是死神的栖身之地。如果人到树下，就会吸入毒气，毒气

沾身，不出三日就会死亡。非洲人都说，金合欢是"晦气树""死亡树"，人们只要见到它，就会唾骂、诅咒。对这种树，他们是躲避**犹恐不及**呢。

可是无论怎么看这种树，我都觉得它们是生命之树。在这么严酷的环境中，没有很顽强的性格，怎么可能存活下来！

我们的车继续在非洲大草原上奔驰着，这时候，突然又有一大片很奇怪的树映入了我的眼帘。我指给爸爸看，可他叫我猜，还说我肯定猜得到。我想了想，我只学过非洲特别有名的树，这种树我还真不知道。

禁不住我的**百般纠缠**，爸爸终于揭晓了谜底——**猴面包树**。我恍然大悟，我曾经在课本上学到过这种树，原来真正的猴面包树是这

么奇怪的模样呀：银灰色的高高挺立的树干，弯弯曲曲的枝丫，枝丫间有一些稀稀落落的绿叶，下面悬挂着一串串像面包一样的果实，酷似一株巨大的银瓶插花。

爸爸说，猴面包树是世界上树龄最长的树木之一，可以活几百岁，甚至上千岁。据记载，曾经有一棵猴面包树的估算树龄有5500年。关于它的来历有很多传说。

虽然传说各不相同，但爸爸说，这些传说都有一个共同点——赞扬猴面包树的顽强生命力。

和金合欢相反，非洲人很喜欢猴面包树，认为这种树是神树，所以非常尊重它们。听导游叔叔说，猴面包树的果实很好吃，美味极了。可惜我们不能停下来，要不然我非尝尝这种果实的味道不可。

终于，我们到达了营地。非洲不仅仅有神奇的动物，植物也一样让人兴奋，今天我总算领略到了。这些植物不仅外形奇特，相关的传说也让人**痴迷**。还有，明天我们就要去肯尼亚国家公园开始鸟类探险旅行了。好期待！

猴面包树又称"大胖子树""树中之象"，原产于热带非洲，是大型落叶乔木。猴面包树树形壮观，虽然高不过20米，树干直径却可达9米，最粗的树干基部圆周达50米。猴子喜欢吃这种树的果实，因此得名。

鸟类的天堂——纳库鲁湖

爸爸经常在我面前说，非洲有一个他们生物学家的乐园，那就是**纳库鲁湖**。

纳库鲁湖是非洲很重要的一个野生动物自然保护区，也是非洲第一个保护鸟类的国家公园。那里有着十分丰富的动物资源，最有名的要数火烈鸟，也叫红鹤。

还没有走近湖区，从远处望，可以看见湖面上浮动着一条条红色

的带子。起初，我以为那是湖水反射的太阳红光。等走近了一看，才发现那不是红光，而是一只只美丽的火烈鸟。

火烈鸟真是鸟如其名，全身上下都是火红色的，像一个个火把插在湖面上。但你用不着担心，火烈鸟的性格并不像它们的名字那样火爆，它们很胆小，都散布在湖面比较靠中心的位置呢。

火烈鸟这么有名，肯定有什么原因吧。不过，我想应该不是因为它们的外形，而是由于它们成群结队在湖面上形成了一大片的"火烧云"，场面异常**宏伟壮观**，令人叹为观止。

在湖面上，除了**引人注目**的火烈鸟以外，还有其他的鸟类。我知道名字的只有**鹈鹕**，剩下的我就叫不出名字了。

火烈鸟主要分布在非洲和中南美洲，因全身呈火红色而得名。火烈鸟喜欢群居，常常一群就有上万只，它们以小虾、蛤蜊、藻类等为食。火烈鸟并非严格意义上的候鸟，只有在环境突变和食物短缺的情况下才迁徙，飞行时速可达50~60千米。不过起飞时它们需要先狂奔一阵，从而获得所需的动力。

导游告诉我们，想要看到最漂亮的景观，需要到山顶。就在我们向山顶行进的过程中，我又看到了鹈鹕。这一回，它们离我们很近。它们的羽毛是黑白色的，脖子没有火烈鸟那么细长，嘴巴却要比火烈鸟的大很多。最显著的区别就是它们的腿短短的，而火烈鸟的腿可是两根长长的"棍子"。

鹈鹕的体型很大，可以展翅飞翔。它们的胆子也比较大，不然，我们离它们那么近了，它们却依然在那里优哉游哉地散步，并没有表

现出害怕我们的样子。

和火烈鸟一样，鹈鹕也是成群结队的。只可惜我们来的时间不对，不是这些鸟类的交配季节。据导游说，每到交配季节，群鸟会高昂着头，互相冲撞，雄鸟追逐雌鸟，雌鸟假装躲避，展翅逃窜，整个湖面传来一阵阵低沉的鸣叫，嘎嘎声四起，场面十分壮观。

不过，欣赏着鸟类自由自在、优哉游哉的宁静场面，怡然自得，也别有一番滋味！尤其是火烈鸟走路的姿势，优雅而端庄，像极了我们中国的一种动物——**丹顶鹤**。我想，说不定它们有着共同的祖先呢。

终于来到了山顶，站在上面俯瞰，湖上的红色带子更加逼真了。红色带子的四周散布着其他动物。湖边不远处有斑马，它们也成群结队地在草原上吃着草。树上有长尾黑脸猴在睡觉。在金合欢树下有一只看上去非常孤单的羚羊。在湖边草地上有罕见的白犀牛，它在和身旁的小鸟们分享食物，周围徘徊着几只疣猪。离它们很远的地方，有一只黑背胡狼正东张西望，好像在寻找猎物，突然它钻进了草<u>丛</u>，从里面叼出来一个羚羊头就跑了……

之后，就在这个山顶上，我还见到了蹄兔和大狒狒。蹄兔在大狒狒的周围寻觅食物，大狒狒在给自己的同伴抓虱子。

展现在我们面前的，就是这么一幅各种动物在一起宁静生活的画面，一切都是那么惬意美好。大自然就该是这样的。

太阳落山了，我们也结束了这次探险之旅，坐着车，回到了营地。我久久都不能从刚才的"梦境"回到现实中来。

大象保护区的美食

随着飞机慢慢地下降，我们来到了一个神秘的餐馆。它坐落在大象保护区，是专门为游人提供食物的超五星餐馆。

爸爸说这是为了犒劳我。他说我这几天太辛苦了，需要好好休息，并享受一下非洲的美食。

很多服务员在餐馆前面站成一排，对着我们唱欢迎歌。虽然这已经是第三次受到如此**隆重**的欢迎了，我还是很高兴。

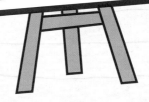

非洲象是陆地上最大的哺乳动物之一，体重一般都在4吨以上，大的更是可达近10吨。由于偷猎现象严重，若不采取积极的保护措施，在不久的将来，非洲象很可能就会灭绝。非洲象现已被世界自然保护联盟列为濒危物种。

我们到达餐馆的第一件事情是参观厨房。这是一个非常现代化的厨房。据这里的厨师长介绍，这里有非常新鲜的食材和丰富的调味料。当然，这些并非取自当地，而是通过飞机从外地运来的。

餐馆的窗户上有很多洞。服务员说，这是**棕鬣狗**来偷吃食物弄的，为了防止它们偷袭，现在已经用小电网把厨房围起来了。看来，这里到处都是人和动物之间的**斗智斗勇**啊！

接着，他们邀请我们骑大象，参观当地的生态保护区。我需要爬上露台才能坐上大象，那时，爸爸已经坐在了大象上面。他伸手一拉我，我就轻松地坐在了他的前面。

我们一路前行，坐在大象背上左摇右晃的。在丛林之中**穿梭**的时候，我看到了很多小动物。旁边的导游介绍说，这个保护区是专门为大象建立的。因为以前，很多偷猎者为了盗取象牙，残忍地杀害了大量的大象，导致现在非洲大象的数量已经非常少了，因此他们就**开辟**了这个保护区，并且建造了一个奢侈的餐馆来支撑整个保护大象的计划。我觉得这是一个非常聪明的计划，既解决了**资金**问题，又达到了保护动物的目的。

到了开阔的地方，我们开始了今天的第一项体验——野外品茶。煮茶的服务员告诉我们，非洲有很多野生的植物都是可以用来煮茶的。他带着我来到了一棵树下，让我把树下的豆荚捡起来。虽然我很纳闷，但我还是照他说的做了，然后把豆荚交给了他。接过豆荚之后，他笑眯眯地告诉我，这个其实不是豆荚，而是羚羊的粪便。

看来我必须得赶紧加强我的动植物知识学习，只有这样才能成为一名优秀的探险家。羚羊粪便茶煮好了，我不情愿地喝了一小口。咦，这个茶有着淡淡的花香，还有一种大自然特有的味道。好独特的非洲野外茶啊！

品完茶，我们又骑着大象上路了。穿过原始丛林，一只羚羊从我们所骑的大象身边经过，长颈鹿在不远处吃着叶子，一群猴子好像在和我们嬉戏一样，正在离我们很近的树枝上朝我们**挤眉弄眼**呢。

只是丛林的天气变化得太快了，不一会儿，天边的乌云就朝着我们涌来，紧接着，大雨就哗啦啦地下起来了，真是难得有机会骑着大象在雨中漫步，体验与非洲丛林"共雨"的快乐。要知道，我在北京可是不会有这种体验的。大都市里的雨水并不干净，非洲草原上的雨水就不一样了，因为这里没有工业污染。

天边传来一阵阵雷声，伴着雨声，如同一首欢快的乐曲。我真是迷上了丛林的雨，它让我感到无比的快乐！

晚上回到营地的时候，我们已经全身湿透了。大家赶紧回到房间换好衣服，因为接下来还有一场盛宴等着我们呢。

晚宴是在露台上举行的。露台中间有一团火焰，他们说这是为跳庆祝的舞蹈而准备的。在丛林里，下雨就是上天的恩赐，它代表着希望。于是，伴随着鼓声，我们载歌载舞。

吃过晚饭，我们又喝了野生植物茶。我们一边喝茶，一边看着大象就在不远处的河边戏耍，以及更远处似乎也在注视着我们的长颈鹿。一切都是那么宁静而美好。我相信我永远也不会忘记这一天的非洲之旅的，它是那么独特和令人怀念。

人工繁殖的 野生动物

今天我们去了大草原上几个野生动物繁殖基地，参观了一些**濒临灭绝**的动物，并了解了它们的生存现状。

我们开车去的第一个基地是猎豹人工饲养基地。

一位阿姨接待了我们。阿姨向我们介绍说，猎豹只在白天外出活动，夜晚是不出来的。可是在人们的印象中，白天见到的猎豹比较多，所以就会认为夜晚牲畜的减少肯定和猎豹有关，是它们把牲畜吃掉了，可实际上在夜晚牲畜大多是被鬣狗吃掉的。由于当地人没有了

解这个真正原因，同时一些人也贪图钱财，于是就经常非法捕杀猎豹。猎豹的数量本来就很少，所以就造成了猎豹数量急剧减少。这个人工繁殖场，就是为了防止猎豹的灭绝而设立的。

一进门，我们就看到院子里有很多猎豹。阿姨介绍说，这些都是人工饲养的猎豹，刚生出来的时候就开始进行驯养了。

我看到有一只长大的猎豹**近在咫尺**的时候，赶紧躲到了爸爸的身后。阿姨微笑着安慰我，让我不要害怕，她说猎豹其实是一种温柔的动物，只要人类不主动攻击它，它是不会来招惹人类的。

我还是不太相信，可爸爸径直走了过去，站在了那只猎豹的旁边，然后抚摸着它。它真的很乖，不但没有进行反抗或者攻击，反而像一只大猫一样，享受着主人的**爱抚**。渐渐地，我也想上前去试试。在爸爸的鼓励下，我终于鼓起了勇气。

一开始，我只敢躲在爸爸的身后，伸出手轻轻摸了摸猎豹的毛，瞬间就把手缩了回来。当我看见它还是那么温驯地趴在那里，并没有移动时，我便壮着胆子，蹲在猎豹

的身旁，也用手抚摸了它一小会儿。

出了院子，我们来到小猎豹的饲养基地。看着小猎豹们正在我抓抓你，你挠挠我，我就走上前和它们一起玩了起来。看着它们不停地翻滚、跳跃，那一刻，我真想当一名饲养员，待在这里不走了。

离开基地的时候，阿姨提醒我，野外的猎豹可不像基地的猎豹，还是具有攻击性的，叮嘱我最好不要去招惹它们。

鸵鸟是当今世界上存活着的最大的鸟，雄鸟身高可达3米。鸵鸟是群居性动物，一般5~50只为一群。它们的听觉和嗅觉非常灵敏，擅长奔跑，时速可达70千米。分布于非洲和阿拉伯沙漠地带。

接下来，我们去了鸵鸟人工饲养基地。

鸵鸟是一种古老的鸟类。据说，它们曾经和恐龙生活在同一个时代。不过由于它们喜欢吃一些亮晶晶的钻石，在南非开采钻石的那段日子里，鸵鸟遭到了很多人的捕杀，数量急剧减少。

工作人员介绍说，平时鸵鸟基本上是不主动发起攻击的，可若是遇到了危险，它们就会竭力保护自己，就算是草原上的狮子也会被它们的脚踢破肚子。

接着，我们参观了鸵鸟蛋孵化中心。在这里，所有的鸵鸟宝宝都是用孵化机孵化出来的。走近一点，我看见一只小鸵鸟已经把壳啄开了一个洞。工作人员说，8～10个小时后，这只小鸵鸟就能完全孵化成功了。可惜我们不能待这么久！

后来，我们来到鸵鸟展览室。这里展示了鸵鸟每天的食物，还有一些相关介绍。鸵鸟食物里面竟然有一些小石子，这让我觉得很奇怪。听它介绍之后，我才**恍然大悟**，这些石子是用来帮助鸵鸟消化的。

最后参观的是小鸵鸟。那些小鸵鸟正在试着**平衡**自己。看着它们走起路来摇摇晃晃的样子，我真想上前扶它们一把。

当我们要走的时候，还发生了一件非常有趣的事情：一只鸵鸟突然在我们面前坐了下来，然后"噗"的一声，就生出来一个蛋，别提有多神奇了。只是，一想到这些动物的数量正在**日渐减少**，我的心就疼了起来。真心希望我们大家能够团结起来，一起好好保护它们！

神秘的 马赛男人

昨天我们坐了一架很小的飞机来到了肯尼亚的马赛村附近。这还是我第一次坐这么小的飞机，真的有点害怕。但爸爸告诉我，男子汉就应该有探险精神，如果连这都畏惧，今后要想成为探险家，那就只能是**天方夜谭**了。

飞行了一个多小时后，我们终于到达了目的地。

在非洲草原，马赛男人是非常有名的。他们凭借勇猛和彪悍而**闻名于世**。马赛男人最神秘的，非他们那身红色格子裙莫属。虽然他们的传统服饰确实比较妖娆，但他们可是草原勇士。

今天早晨刚来到村口，热情的马赛女子就身着盛装前来迎接我们了。她们佩戴着珠子串成的配饰，穿着红色的格子裙，唱着我们听不懂的歌。虽然听不懂，但嘹亮**浑厚**又豪迈的歌声中，我隐隐约约感受到这似乎是在对着天空诉说她们对于人生的满足。

马赛人是著名的游牧民族，主要生活在东非，人口将近100万。直到现在依然是由部落首领和长老会议负责管理村落。他们终年成群结队地过着游牧生活，依靠牲畜的肉、血和奶生活，但他们从来不吃包括鱼类在内的野生动物。

接着，村子里面的男子们开始表演钻木取火。这是我第一次看到真实的现场版的取火全过程。他们真不愧是丛林生活的专家！

然后，村长带着我们参观了他们的村落。他们的房子是最原始的土坯房。环绕村庄的，是用带刺灌木围成的**篱笆**。这是为了防止牛跑出去，也能防止外面的野兽进来偷袭。爸爸说在这里，村庄里所拥有的牛的数量是一个不能问的问题，因为那是他们财富的象征。

后来，我们来到了村子后面的集市。集市每隔几天就有一次，你可以用钱购买想要的东西，也可以**以物换物**。在集市上，人们贩卖的都是自己的手工制品，比如用木头做的木雕、用珠子串的首饰、用象牙和犀牛角做的项链等，琳琅满目。

马赛人总是面带微笑，他们的笑容美丽而朴实，同时**蕴藏**着几分天真，就像以前我遇到的非洲小朋友的笑容，笑容里传递出乐观向上的力量。

回程的路上，和前几天一样，我看到了许许多多的野生动物。唯一不同的是，这一次我们看到了让我久久不能忘怀的场景——角马群过河。

爸爸告诉我，过河这场生死战斗，需要非常大的勇气。有时候200多万只角马在一次过河中，会有20多万只因为各种原因死去。过河需要耗费很大的体力，一不小心，湍急的河水就会把它们卷走，同时马拉河尼罗鳄、狮子、豹子等都会加入到这场"过河盛宴"的抢夺中。可是尽管这样，角马还是年复一年地重复着过河迁徙。因为，物竞天择，适者生存！它们想要**繁衍**下去，就必须得经历这个过程。

我们把车停在了河岸边。对岸有一群角马在集合，密密麻麻的，数都数不清。大约过了半个小时，过河开始了。只见它们排成一列在河中间走着"之"字形，很快从一列变成了几列，队伍行进速度放缓。可是，就在离它们不远的地方，几只尼罗鳄正虎视眈眈地盯着落单或者被河水冲走的角马……

这就是自然生存的法则，作为人类，我们也同样必须遵守。否则，总有一天，我们会尝到自己破坏自然的最坏后果。所以，让我们一起来守卫我们可爱的地球吧！

美丽的开普敦

终于来到了久负盛名的开普敦。

一下飞机，到旅店放下行李，我们就去了海边。

爸爸开着车，马路的这边是海，另外一边是茂密的丛林。我从来都没有过这种感受，真的是太新奇，太酷了！

没多久，我们就到了今天的第一个目的地——**桌山**。因为它的样子像桌子，所以人们就给它取了这么一个好记又好玩的名字。

开普敦的四周有很多山，桌山是其中最高的一座。桌山上面有浓浓的雾气，看上去就像桌布一样，**分外美丽**。当我们乘坐缆车到了最顶端的时候，看到的就只是一个平台，一开始我有点失望。不过，那里有一个很大的惊喜正在等着我呢——我看到了一只**可爱至极**的小家伙。导游叔叔说，这是野生动物，它的名字叫岩蹄兔。

只见它一蹦一跳的，真的很像兔子。仔细一瞧，又觉得更像鼹鼠。总之，这只可爱的岩蹄兔分明就是鼹鼠和兔子的综合体。我也不知道它喜欢吃什么，但我还是去旁边的店里买了一些东西。我想，既然是"兔子"应该是吃素的吧。于是，我买了一串葡萄，然后又在岩壁上面扯了一点草。

我把两样东西摆在它的面前，它看了看，见我没有恶意，一下就按住葡萄猛吃了起来。我试着摸了摸它，它很温驯，真的和兔子一样。

爸爸说桌山是开普敦的**制高点**，从山顶往下看，能看到整个开普敦。爸爸还说，正是因为这种地形，所以才形成了山上面的云雾。

桌山位于开普敦城区西部，是一组群山的总称。山顶像一个巨大的桌面，因而得名"桌山"，意为"海角之城"。桌山主峰海拔1087米，可俯瞰开普敦和桌湾。山顶云雾缭绕，变幻莫测，置身其中，仿入仙境，是很好的旅游目的地。

而且山顶和山脚温差很大，所以要注意加减衣服，防止感冒。

桌山四周的山岩很陡峭，景色也很美。站在山顶，更有一览众山小的感觉。深深吸了一口山顶的空气后，我便拿出照相机拍了很多照片。最后，我还像一只老鹰一样张开双臂，快乐地大声高呼。

参观完桌山，已经将近中午了。既然到了午饭时间，我们就直接开车前往开普敦附近的渔村。爸爸说那里的海鲜很新鲜，而且价格实惠。我们可以自己烤着吃，吃到够。哇！可以大饱口福了！

到了港口，爸爸指了指一种又大又有点像墨鱼的海鲜，说这叫章鱼，它们在海里很凶猛。

这里集市上的鱼**种类繁多**，很多我从来都没见过。爸爸说，南非的自然环境非常好，是一个物种非常丰富的国家，这里的很多动物都

开普敦是南非第二大城市。因其美丽的自然景观，开普敦被人们誉为世界最美丽的城市之一。被誉为"上帝之餐桌"的桌山以及好望角，是其最为知名的地标。

是全世界独有的。我把那些没有见过的鱼都拍了下来，准备拿回去好好研究一下。

在渔民的指导下，爸爸先把鱼的头和尾巴切掉，接着清理掉鱼鳞，再把里面的内脏去掉，之后用水洗干净，再去骨、切成小块，最后就可以开始烧烤了。

起先，我们是想向当地渔民讨要一些调料的，可他们说不加调味料味道会更棒。不知道爸爸怎么想的，反正我是**半信半疑**的。直到鱼烤熟后，我轻轻地咬了一小口，然后在嘴里慢慢地嚼咀，才发现味道真的是一级棒！嫩嫩的鱼肉，已是鲜美异常，再加上炭火炙烤后的焦香，肚子里的馋虫一下子就被勾起来了，我狠狠地咬了一大口，大嚼起来。

吃饱喝足后，我们就打道回府了。夕阳慢慢地落到地平线以下，我们的车沿着海边缓缓地行进，吹着微微的海风，仿佛回到了大自然母亲的怀抱。

晚安，开普敦！

和大白鲨的第一次亲密接触

　　爸爸说这次探险最刺激的一天就是今天了，因为我们要去看的是大白鲨。哈哈，我等待这天已经很久了。今天将会是我这次旅行当中最酷的一天。

　　一大早，我就醒了，催着爸爸快点起床，我想要早早地去。看我**猴急**的样子，爸爸笑着说，我们要等班车，着急是没用的。

　　等到7点钟，我们的班车终于来了。终于要看到大白鲨了，而且还是生活在海里的野生大白鲨哟！

　　到了目的地，我们先接受了一些知识培训。可是我听不太懂，爸爸上完培训课程后，就给我说了一

大白鲨又叫食人鲨，属于大型进攻性鲨鱼。分布于大洋的热带和温带水域。它们有庞大的身体以及新月形的尾部。它们的牙齿呈三角形，大且有锯齿缘，所以锋利异常。

些注意事项。他说我是不能下水的，因为我年纪太小了，不过我可以在船上面看。不用说，我有些失落，但是想到毕竟还是能看到大白鲨的，那个电影里面出现过的庞大的大白鲨，我的心里就稍微好受了一些。可是说心里话，兴奋的同时还是有些担心害怕的，那可是会吃人的大白鲨。

旁边的导游叔叔看出了我的恐惧，于是带着我去了展厅，那里是个科普馆。他告诉我，大白鲨并不可怕，也没有那么危险。我看见展厅里面有很多大白鲨的图片，上面还配有文字，是用来向游客介绍大白鲨的相关知识的。

导游叔叔告诉我，他听工作人员说，大白鲨不会**无缘无故**地攻击

人类，每年被大白鲨咬死的人数量很少，可人类却在不停地滥杀大白鲨，每年死在人类手上的大白鲨**不计其数**。

除了大白鲨，展厅里还介绍了很多其他不同种类的海洋动物，像金枪鱼、企鹅和比目鱼等。

过了一会儿，我们上船了。风浪很大，感觉大浪都要把船打翻了。爸爸**叮嘱**我，只能站在船的内侧，千万不能靠在船舷上。"好吧，我知道我年纪小，那我就只看不动呗。"我小声嘀咕道。

大约过了十分钟，我们来到一片开阔的海面上，接着船停了下来。我看见船员把远处的一个铁笼子拉近，固定在了船舷的一侧。这时候，突然有一股腥味**袭来**。导游叔叔说这些是大白鲨的饵料——金枪鱼，只有这样才能吸引大白鲨过来。

只见这位船员把金枪鱼捣碎了撒入海中，接下来就耐心地等待着。可是好像过了很久，大白鲨都还没有来，不过倒是吸引了很多小鱼在船边游弋。看来它们也很喜欢这种饵料。又过了一会儿，别的船员抛出了另外一个诱饵——鱼头。导游叔叔解释道，这个鱼头是拿来和大白鲨"玩游戏"的。大白鲨看到鱼头动，它就会跟着左右游动，我们就能够清楚地看到大白鲨了。

导游叔叔话音刚落，我们就发现了一条令我们期待已久的大白鲨。也不知道它是从哪个方向静悄悄地游过来的，反正当我们发现的时候，它已经在距离我们很近的水域了。只见它越靠越近，接着浮出了水面，此时它的动静竟然又变得这么大了。真是**不可思议**！

我站在船上一动不动地观察着这个**庞然大物**，它应该有3米长吧。

只可惜，浮出海面以后没多久，它又消失不见了，感觉眨眼之间它就完成了一个来回，好像闪电一样。

看见大白鲨已经消失了，这个时候，工作人员

立刻叫爸爸他们下水观看。哎！可惜没有我的份，谁叫我是小孩子呢？没办法，我只能待在船上了！

　　爸爸他们走了后，我很无聊。还好，后来来了一条小一点的大白鲨，只见那位拿鱼头的船员从左到右牵动着鱼头，和大白鲨**戏耍**了起来。虽然，我还是只有看的份，但我依然很兴奋。大白鲨仿佛也知道这只是在和它玩一个游戏，它时而缓慢，时而非常迅速地一口咬住鱼头。就在这来回之间，大白鲨猛地抬起了头，我清楚地看见了它的**血盆大口**和锋利的牙齿……

　　等我长大了，我一定要下水去看大白鲨！

海湾企鹅

　　在开普敦的日子，天天都是晴天，今天也不例外。

　　一开始，我都不知道我们这是在朝着什么地方前进，因为爸爸不告诉我，说要给我一个惊喜。

　　终于到了，我才知道原来是到了一个叫作西蒙的小镇。小镇很干净，也很整洁。看着小镇**各式各样**的建筑，我觉得自己仿佛到了欧洲的小乡村，丝毫没有在非洲的感觉。

　　沿着海岸线，我们能看到在猛烈的海风作用下，远处**惊涛拍岸**，一层一层白色的海浪卷起又落下，循环往复。

　　"到了，下车吧！"爸爸说道。跟着爸爸来到了一个木桥上，我不禁惊呆了。啊，这里有企鹅！这里居然有企鹅！

　　为什么这里会有企鹅呢？爸爸被我的大声

惊呼吓到了，赶忙让我小声点，因为太大声会吓坏那些小企鹅的。

导游叔叔告诉我，这片海滩叫作博尔德斯海滩。这里的企鹅是南非特有的，因为它们的叫声就像驴叫一样，所以又被称为"叫驴企鹅"，一个听起来不太文雅的名字。

只见沙滩上的企鹅一群一群的，大概有上千只吧。它们**悠悠然**地挺着大肚子，**懒懒地**晒着太阳，叫声此起彼伏，混杂在一起，仔细一听，可不就是驴叫声嘛。

导游叔叔介绍说，这里的企鹅严格遵守一夫一妻制。一旦其中的一只去世了，那么另外一只就会孤独终老。居然有这么神奇的事情！我不禁暗自称奇。

我以前一直以为，所有的企鹅都是生活在冰天雪地的南极洲，特别是看了《帝企鹅日记》那部影片以后，更是深信不疑。哪里会想到，在非洲这片土地上居然也生活着企鹅。真是**读万卷书，行万里路**。今天的这些企鹅，彻底推翻了我先前有关企鹅的错误认识。

不过，只是远远地看着这么可爱的小企鹅独自在那里玩耍，那怎么行呢？于是，我决定下去和它们一起玩。正当我打算迈开步伐，大踏步前进的时候，爸爸却制止了我，他说这是不允许的。我只能和它们互相对望了。

它们好像很有灵性，和我对望时，居然也会盯着我看很长时间都不扭头，而且还会学着我的

161

样子做动作。我把头往左摆，它们看了后，也会和我朝着同一个方向摆过头去，别提多可爱了，像我两岁的小表妹一样可爱。

在海滩上，还有其他一些动物，比如海鸥。它们在企鹅的周围盘旋，不时地发出叫声。爸爸说我们要尽量地保护这些动物，因为近年来，它们的数量在大量地减少。尤其是这些企鹅，它们面临的危险越来越多，比如鲨鱼和海豹的捕食、人类的原油**泄漏**等，都让这些可爱的家伙的生存环境愈发**堪忧**了。我一边用力地点头，一边说我知道了，并告诉爸爸我会从自己做起，保护好动物的。

告别了企鹅，我们朝着今天最后一个目的地——南非的海军港出发了。在路上，我发现了一只乌龟。于是我抓住了它，想要仔细瞧瞧。导游叔叔提醒我，让我注意别被乌龟尿到手上了。没想到，刚刚说完，我真的就被它好好地"教训"了一下。它果然尿在了我的手上，而且还尿了很多！

接着没过几分钟，我们就来到了海军港。我们参观了那里的军舰，还有展览室。

爸爸说，这里很多军舰都是参加过二战的。我看着这些已经**退役**

的军舰，想象着它们在二战的时候**驰骋沙场**的英姿，觉得它们真是很雄伟。

离开海军港后，我们驶向今天的旅馆。

美景美事总会有**落幕**的时刻，想着接下来的路上也许就会平淡无奇了，我又开始感到无聊了。或许是老天听到了我

白腿大羚羊也叫白面牛羚、白面狷羚。因为腹部、臀部和四肢内侧都有白色的毛，尤其是面部有一块白色斑纹，所以得名"白面"。它们主要分布于南非、津巴布韦和纳米比亚。

内心深处的呼唤，几分钟以后，我居然看到了惊奇的一幕：一大片的羚羊正在海湾的沙滩上散步！

哇！羚羊不是应该在草原上的吗？怎么会跑到沙滩上来了？导游叔叔说，这是白面牛羚，在南非数量最多。南非有很多海边的丛林，所以它们出现在沙滩上也不奇怪。

也是，既然在非洲有企鹅，在海湾沙滩上有羚羊，又有什么好奇怪的呢？我想，这么看来，说不定还会有更多的惊奇等着我呢！

狮山脚下的海豹

清晨，爸爸沿着海岸线驾车，我们即将去一个特别有意思的地方——豪特湾。它是海豹的家园，那里有很多很多的海豹。

早上的海风吹得特别猛烈，吹到脸上就像刀割一样。当行驶到途中某一段的时候，车停到了路边，爸爸他们叫我下车看奇景，不然一直吹风，我非感冒不可。

看着眼前的一切，我还以为自己在睡梦中还未醒来。好大一个山谷，云雾缭绕其间，还有很多很多的瀑布。虽然都只不过是小溪一样的流水，水量也并不是很大，但也足以令人**拍手称奇**了！

最奇特的还要属远处的山顶。它们并不像平常所见的山峰那样尖锐，而是像之

布莱德河峡谷是南非著名的观光景点，位于布莱德河峡谷自然保护区。布莱德河峡谷是由于河流冲刷山脉而形成的。河谷上有许多观景台，"上帝之窗"是其中最为著名的一个。而那些历经千年水滴穿石的奇特景观，也会让人不禁感叹大自然的鬼斧神工。

前我看到过的那些原始部落的房顶，也像我以前看到过的蒙古包，平滑而圆润。

爸爸告诉我，这里山峰的形成是由于大自然的作用力，比如海水的侵蚀等，使岩石形成了蒙古包的形状。我在想，会不会当地人就是因为看见了这样的山，才把他们的房子建成那个样子的。

我们继续前行，去寻找我们的海豹。大约过了一个小时，我们来到一个港口，然后乘坐渡轮。一开始我看到的只是**一望无际**的海面，突然，前面的人群发出一阵惊叹声。我赶紧拉着爸爸朝前看去。

啊，好壮观！至少有上千只海豹。它们就在不远处的一个小岛上晒太阳。见渡轮越来越近了，有很多海豹竟然朝着我们的方向游了过来，那些留在岛上的海豹则朝着我们吼叫。它们是在欢迎宾客吗？至少我是这样认为的。嘿嘿！

只见一大群海豹一会儿展示自由泳，一会儿展示花式游泳，可爱极了！还有的海豹径直潜到了水底，我想它们应该是去捕食了，因为我在《动物世界》里看到过有关海豹这种行为的介绍。

经过小岛旁边时，我看见岸上海豹一家三口正在阳光

165

下享受
日光浴呢。小
海豹用自己的身体拱
着妈妈。小海豹要吃奶了！

还有的海豹则先直立着身体，然后一晃一
晃的，就像在鞠躬一样，非常绅士，甭提有多可爱了。我真想上前摸
摸它们，它们的皮肤肯定很光滑。爸爸说南非政府为了保护它们，已
经将这个小岛定为动物保护区。爸爸还说非洲有很多动物保护区，在
这些保护区里，动物和人类和谐地生活着。

太好了！亲爱的海豹们，享受美好的生活吧！我会再来看你
们的！

汽车继续在公路上飞奔。一个又一个葡萄园在我们的视野中出现，然后又消失不见。葡萄有紫色的，也有绿色的，在太阳光的照射下显得晶莹剔透，就像珠宝一样。导游叔叔说，南非的葡萄酒**颇有名气**，不过我对酒没什么兴趣。

　　不一会儿，我们来到了狮子山。这座山属于围绕开普敦的众多小山中的一个，和桌山相比，也就是一个小孩子罢了。我们**徒步**上山，沿途有很多我叫不出名字的植物，被海风一吹，它们就像在朝着我们点头欢迎似的。

　　当太阳快要下山的时候，我们来到了狮子山对面的查普曼峰。这里是观看夕阳最好的观景点：站在悬崖的观景台上面，望着对面的狮子山，夕阳就在我们面前一点一点地落下去。

　　又是美妙的一天，我在城市的边缘看见了海豹，还**领略**了夕阳在山间缓缓降落的美景。我知道，明天也将会是美好的一天！

陆地之角——好望角

早晨，我们驱车驶向好望角。

出发之前，导游叔叔给了我一根棍子，他说这是用来驱赶猩猩的。啊，还有猩猩！它们会出现吗？难道它们会跑到公路上面来？

我连珠炮似的问题把导游叔叔给逗乐了。我缠着他告诉我其中的秘密。导游叔叔说，我们开车的过程当中会遇到很多的野生动物，前几天不是还看到马路边的乌龟，还有羚羊、屎壳郎了吗？而这一段路上就会有猩猩。

没想到非洲人和动物的相互交融，都到了如此和谐的境界了。这才是真正地生活在大自然中！

但导游叔叔也提醒我，那些猩猩可都是很凶猛的，最好不要去惹它们。要是它们和我抢食物，就直接给它们，不用害怕。

我才不害怕呢，我可是一名勇士。不过，要是我能**未卜先知**，我想我就不会说这样的大话了。

就在我们开车驶向好望角的路上，我真的看见了猩猩。那是在一个停车场，一只猩猩正坐在汽车的顶棚上面，窥视着马路。它的体格很**壮硕**，看见它的眼神如此**凶神恶煞**，我只好又躲到了爸爸身后，偷偷地观察它。

当我们的汽车缓缓地驶入停车场的时候，那只猩猩突然从车顶上跳下来，像一个国王一样在马路上**大摇大摆**地走着。我们只好停下车，让它先穿过马路。可是没想到，"嗖"的一下，它竟然想去抢一位老奶奶手中的水果篮。幸好老奶奶立刻护住了，才没有让它得逞。见突袭失败，猩猩径直穿过马路，跑进了路边的丛林里面，转过身只露出自己的头。

我们觉得这只猩猩挺有意思的，

就打开了车门，想近距离接触一下它，并趁机用摄影机把过程记录下来。我依旧有些害怕，但敌不过自己的好奇心。于是，我跟在爸爸后面，慢慢地向猩猩靠近。这时候，猩猩突然窜了出来。原来路边有一个人正在整理地上的食品袋，猩猩又想"抢劫"了。但是，这次它依旧没有**得逞**，最后只能**悻悻**地逃走了。

导游叔叔告诉我，这些猩猩很厉害，所以我们必须把车窗关上，不然即使汽车在路上行驶，它们也会把手伸进车窗抢东西的。

看着猩猩消失不见了，我们就继续沿着海岸线向前行驶。差不多中午的时候，车停了下来。海滩上停着另外两辆车，旁边有人正在准备潜水装备。上前一问，才知道他们正要去捕龙虾。可是，这里不是动物保护区吗？怎么可以捕龙虾呢？导游叔叔向我解释，他们已经获得了有关部门的许可，而且他们并非大量地捕捞，只是用龙虾来做科学研究。

导游叔叔说这里的动植物只可以观看，不能碰，更不能带走。我当然知道，这里是自然生态保护区嘛。在海滩上有很多好玩的东西：海带、海胆、海星、海螺等。看来这里的保护措施还是**卓有成效**的。

导游叔叔让我哈气，我很好奇，大大地哈了一口气。啊，居然是白白的颜色！不是只有天气很冷的时候才会有白气吗？导游叔叔解释说，白气是在空气对流中产生的，只要有极热的空气碰上极冷的空气，那么就会产生白气。这里的温度常年都在12摄氏度左右，海上吹来的海风很冷，可是陆地上现在很热，所以就有了白气。

非洲神奇的事情和地方也太多了吧！

告别了这些研究龙虾的科学家，我们一路驱车来到了真正的陆地之角——好望角。

当我兴奋地来到最顶端，我发现上面有一个指示牌。仔细一看，原来指示牌上还标注着这里到北京的距离有12000多千米呢。好远啊！不知道妈妈和小伙伴们，现在在干什么呢？

站在这个陆地之角上，凝望眼前一望无际的**汪洋大海**，我思绪万千。

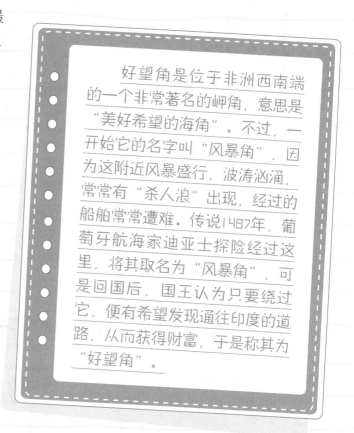

好望角是位于非洲西南端的一个非常著名的岬角，意思是"美好希望的海角"。不过，一开始它的名字叫"风暴角"，因为这附近风暴盛行，波涛汹涌，常常有"杀人浪"出现，经过的船舶常常遭难。传说1487年，葡萄牙航海家迪亚士探险经过这里，将其取名为"风暴角"，可是回国后，国王认为只要绕过它，便有希望发现通往印度的道路，从而获得财富，于是称其为"好望角"。

非洲的钻石和黄金

　　非洲有很丰富的动植物资源，更有着丰富的矿产资源，它是全世界钻石和黄金的重要产地。爸爸说，我们可以去看一看钻石和黄金的开采与制作过程。

　　在非洲，几乎每个国家都有一种丰富的矿藏，但最**引人注目**的还是要属钻石和黄金。说起钻石的由来，爸爸告诉我，传说最早在非洲发现钻石的，其实是一个小男孩，他无意间捡到了一块"石头"，但当时并没有人意识到这就是钻石。后来英国的一个商人将这块"石头"带回欧洲，全世界的人这才知道非洲也有钻石。

　　经过几个小时的奔波，我们来到了一个巨大的采矿场。它看上去足足有几十个体育场那么大，和电影里外星人

钻石是经过加工处理的金刚石。金刚石是一种天然矿物，它是钻石的原石。最早发现钻石的国家是印度，3000年前，印度是全世界唯一的钻石产地。

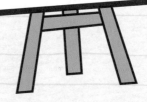

攻打地球时留下的坑道很相像。

　　矿场附近有很多运输汽车正在忙碌着。我们不能进入这个矿场，只能在矿场的外面观看，因为在里面很小的一块泥土里说不定就含有钻石，如果参观者不小心"携带"了出去，他们会损失惨重的。

　　在往矿区外走的时候，我觉得我看见的那些特种汽车，应该是这个世界上最高大的汽车了吧。

　　站在它们的下面，我似乎成了一只小蚂蚁。要知道，仅仅是汽车上的一个轮胎就比成年人还高呢。爸爸说这些大家伙很**昂贵**，它们是专门用来钻洞的。

　　出了矿区，我们来到了钻石的加工区。就要看到真正的钻石了，我很兴奋。走进一间厂房，里面很安静，我隔着厚厚的玻璃看到工作

金是一种金黄色贵金属，质软而重，延展性强。它是最稀有和最珍贵的金属之一。

人员正在仔细观察、挑选钻石。正当我十分投入地观看时，旁边突然响起"哗"的一声，吓了我一跳。原来是另一边的工作人员把一桶钻石倒入机器里所发出的声音。

工作人员介绍说，在矿区开采到的钻石原石，会送来这里的加工区。在这里，首先利用机器区分钻石的大小，再由工作人员对这些钻石进行更加细致的分类。我看到这里的工作人员头顶上都戴有一个放大镜，他们就是通过这个放大镜初步**品鉴**钻石的。

分类以后，原石就会来到深加工区，那里的工作人员会对钻石进行切割、打磨，经过多道工序，原石才最终成为我们在市场上所见到的裸钻。

原来钻石需要经过那么多道工序，通过那么多人的劳动，才能让自己以光彩夺目的样子出现在世人面前！

参观完了钻石加工区，爸爸说我们下一个目的地是黄金城，那是一个离这里不远的小镇。

当我们刚到小镇的时候，我并没有觉得这里和其他的小镇有什么不同。但导游叔叔介绍说，这里可是淘金第一人待过的小镇，曾经非常繁华。

我们参观了黄金博物馆。它向参观者展示了非洲淘金的悠久历史。第一个来到这里淘金的是一个欧洲人，他在这里发现了黄金。之后，全世界的人们**蜂拥而至**。

爸爸向我解释说，金子原本是藏在岩石里面的，但经过大自然长时间的侵蚀，有一些就露了出来。

而这些淘金的人，开始就是把那些混合着金沙的石子放进淘盘里进行淘洗，过滤金沙，最后再经过特殊处理，将金沙制成金砖。

当快要参观完博物馆的时候，导游叔叔一边指着一块很大的金砖，一边开玩笑说，谁可以用两根手指夹起它，这块金砖就是他的了。我跃跃欲试，可金

砖这么大，又非常重，要想夹起来根本就是不可能的嘛。

再一次踏着非洲的夕阳，我们的汽车**驰骋**在非洲的草原上，今天的非洲宝藏之旅真精彩！

10月29日　星期一　晴

千奇百怪的植物

　　看过草原上凶猛的野兽，今天我们又有幸来到了南非的国家植物园。这里有很多珍贵的植物品种，其中很多品种只有在南非才能看得到。

　　爸爸说，大海和山脉的碰撞，形成了南非独特的气候，**孕育**了这里独有的植物种类。

　　走进植物园，就如同进入了温室一般。园内有着很多千奇百怪的植物，它们的名字和形状都非常奇特，真是让我**大饱眼福**。

　　首先吸引我的是石头花。我不知道是该说花像石头一样，还是说石头像花，反正我觉得石头花看上去又像石头又像花。

　　这种石头花生长在非洲南部广阔的干燥地区。它们长在碎石地上，大部分埋在地下，只露出上半部。叶面有花纹，形成了很好的保护色，与周围自然环境中的石头几乎一模一样。正是通过这种将自己伪装成石头的生存方式，石头花避免了在干旱季节被食草动物当作补充水分的食物的悲惨命运。

　　我们所看到的石头，实际上是石头花的叶子。正是这些发达的叶子存储了大量的水分和养分，让石头花在干旱地区得以存活。

石头花是世界上著名的多年生小型多肉植物，也叫"生石花""象蹄"等。石头花高2~3厘米，多呈球体卵圆形，茎短，叶片的颜色与周围的土壤颜色很像，不容易被发现。

桫椤是现存唯一的木本蕨类植物，被世界上很多国家列为一级保护濒危植物。主要生长在热带和亚热带地区，中国、日本南部和东南亚均有分布。

还有一种植物是桫椤，也令我惊叹不已。它们属于**蕨类植物**，形态优美，远远看去，就像是椰子树。它们没有树枝，可仅仅叶子的长度就有2米左右。

这些叶子都集中在树干的顶端，然后向四周散开，宛如孔雀开屏，十分美观。

听了介绍，我才知道桫椤竟然是和恐龙同时代的植物。哇！它们原来存在这么久了。在这么漫长的岁月中，它们始终没有发生大的变化，一直都处于几乎**停滞**的进化状态。直到现在，桫椤几乎还保留着原来的面貌，因而科学家称其为珍贵的"活化石"。

当其他动植物都存活不下去的时候，桫椤居然坚持了下来。这算不算是一种奇迹呢！我愈加觉得，非洲这片土地好神奇！

非洲的植物都很高大，就连仙人掌也像树一样，又高又壮。爸爸说，这里的植物长成这样，是因为它们需要储存水分，就像骆驼储存能量一样。在雨季的时候，它们拼命地吸收水分，只有这样才能在旱季存活下去。

难怪，这里的芦荟也和中国的完全不一样，都长成树了。这里的芦荟不仅有叶子，还有粗壮的树干支撑着。

后来我又在另一种南非特有的植物面前**流连忘返**了，那就是帝王花。它们非非常巨大，在我看来，分明已经不是花，反而更有点像果实。只见它粉红色的花瓣如同莲花一样样分散开来，中间还有很多花蕊，看起来就

像一个巨大的球。

爸爸说，它们可以长时间地开放而不凋谢，因而被人们取名为帝王花。

参观完了植物园，我们来到草地上。我一边躺着，一边回想刚才的所见所闻。或许是非洲的植物种类太繁多了，躺在草地上没多久，我就已经想不起来一些植物的名字了。

不过，我觉得即使一时不记得它们的名字，记住它们绽放的英姿——在阳光的照耀下，一个个**生机盎然**，如同一名又一名战士——这才是最重要的。这些植物在艰苦的环境中，依旧保持**坚韧不拔**的毅力，这更值得我学习！

帝王花是南非的国花，俗称"木百合花""龙眼花"。帝王花色彩艳丽，造型优雅，枝叶茂盛，花朵大，苞叶和花瓣挺拔。

10月30日　星期二　晴

非洲的另一面

早上，爸爸告诉我，今天我们要去的地方是一个中国寺庙。

我很好奇，在非洲怎么会有中国寺庙呢？如果真的有，那里面住的是中国的和尚还是非洲的和尚呢？

经过几个小时的长途跋涉，我们来到了这个被称为"关爱中心"的中国寺庙。

迎接我们的是一个大哥哥。他是这里的志愿者，教小朋友武术和体育。大哥哥说，除了他，这里还有一些来自世界其他地方的志愿者。爸爸说，他这次来到非洲有一个任务，就是给这个中国寺庙带来一些物资。所以，我们紧接着便去见了**住持**。听住持说，这个寺庙是他来到非洲时创建的。

这个寺庙很大，里面还有一个大雄宝殿，和我在国内看到的一样。在寺庙的后

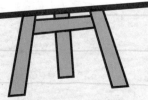

联合国对志愿者的定义是这样的：不以利益、金钱、扬名为目的，而是为了近邻乃至世界进行贡献的活动者。他们不求私利与报酬，致力于免费、无偿地为社会的进步贡献自己的力量。

院，我看到了很多和我年龄差不多的非洲小朋友，他们说着流利的中文。在操场上也有很多小朋友，他们正在跟着大哥哥学习武术。

哇，真正的中国武术！我在国内都还没有学过，真**羡慕**他们！

不过，旁边的导游叔叔说，这些小朋友都是孤儿，能够在这里生活是很幸运的。

接着我们还参观了他们学习的地方。在那里，我看到有些小朋友正在教室里唱歌，有些小朋友则正在其他教室

里学习英语。

我跑到一个小朋友面前，问他："学武术辛苦吗？"他回答说："一点都不辛苦。比起以前，我们现在简直就像生活在天堂里。"

我不能够理解他为什么这么说，这个地方既没有电子游戏机，也没有游乐场，更别说电脑了，怎么会是天堂呢？他告诉我说，他原来

住在一个小村庄里，吃不饱饭，也没有住的地方。后来他的爸爸妈妈不幸发生意外去世了，他和妹妹就成了孤儿，**相依为命**。后来住持把他们带回寺庙，给他们饭吃，还教他们读书识字，无微不至地照顾他们。

不过，刚开始的时候，他和妹妹还是很害怕的，因为有些当地的人对中国人有偏见和误解。所以，他们曾经逃跑过。可住持千辛万苦地找到了他们，用真情感动了他们，也因为如此，他们确信住持是好人。之后，他们就一直住在这里，一住就是六年。

听完了他的故事，起初我将信将疑。可是爸爸告诉我，非洲有些地方的贫困程度是我们难以想象的。因为各种原因，那些地方有很多流离失所的孤儿。

爸爸问我想不想和他一起去一个村落，了解一下非洲的孤儿。我默默地点了点头。

车子行驶了一段路程之后，我们来到了一个村落。这次，我们是要接三个孤儿回关爱中心。他们年纪都很小，比我还小。他们的家不仅破旧，而且狭小，贫困程度远远超出了我的想象。家里只有一个小房间，里面非常暗，而且没有电，也没有水，也看不到任何食物。我感到很

难过，也很吃惊，同时**怪怨**自己。我在那么宽敞舒适的家里居然还经常嫌弃这个不好吃，那个不对胃口，这里还有那么多的小朋友在饿肚子啊！

回到关爱中心后，我们和这三位刚认识的小伙伴一起吃了午饭。午饭是用非洲独特的玉米面做的，我觉得并不好吃，有一点咽不下去，但是看着这三个小伙伴吃得那么香甜，好像这玉米面是**珍馐美馔**一样，我就又大口大口地吃了起来。我告诉自己，我不能浪费粮食，要知道，此刻世界上有很多小伙伴可能根本吃不上饭，还在忍饥挨饿，所以我应该珍惜有饭吃的美好生活。

我想，长大后我要成为一名志愿者，回到非洲这片土地，为非洲的发展做出贡献。

我的非洲梦

今天我们离开了非洲，正乘坐在回国的飞机上。看着窗外离我渐渐远去的非洲大陆，我思绪万千……想不到，还没有离开非洲，我就开始有点**恋恋不舍**了；更想不到的是，不到1个月的时间，我就已经深深地爱上了非洲这片神奇的土地。它是如此的与众不同！

在这里，我体验了奇特的旅馆；在这里，我和动物一起用餐；在

这里，我了解到了动物和人是平等的，是可以和谐相处的。

　　当然，我也看到了非洲的另一面：贫困。可是，虽然饥饿时刻威胁着这里的人们，他们还是积极地生活，乐观地面对各种困境。

　　非洲这片神奇的土地教会了我很多。非洲的一草一木，还有这里的人，更教会了我应该坚强、乐观地面对未来的人生。

　　在这里，我还见到了草原上那些为了生存**不断挣扎**前进的角马。它们每年重复着迁徙，并没有因为路途中有凶猛动物的威胁而放弃了

前进。相反，它们勇敢地年复一年地不停地往返迁徙着，因为它们需要寻找自己的居所，繁衍后代，生生不息。还有生活在草原上的其他动物：互相捉虱子的狒狒；在它们周围蹦蹦跳跳地吃着小草的野兔；为了吃到树上的果子，把树奋力推倒的大象……

它们的影像依旧那么鲜明，仿佛永远定格在了我看见它们的那一刻。

这次非洲之旅，我还了解到了在非洲非法狩猎的危害性。非洲象、犀牛等动物，因为那些贪婪的人，都已经到了**天绝**的边缘。因此，我们

要保护动物，而且要从我们每一个人做起。

我还牢记忍受着饥饿的非洲小伙伴们。回到北京，我一定要告诉小新、妮妮以及所有的朋友，我们要珍惜现在的美好生活。在非洲，还有许多吃不饱饭的小伙伴。

等我长大了，我要做一名非洲事务的志愿者，成为非洲文化和中国文化的**纽带**，让非洲和中国的未来更加美好。

再见了，非洲！再见了，小伙伴们！我一定会再回来的！